Benjamin Spall
Michael Xander

MEIN
MORGEN
RITUAL

Benjamin Spall
Michael Xander

MEIN MORGEN RITUAL

Wie erfolgreiche Menschen jeden Morgen inspiriert in den Tag starten

Bibliografische Information der Deutschen Nationalbibliothek
Die Deutsche Nationalbibliothek verzeichnet diese Publikation in der Deutschen Nationalbibliografie. Detaillierte bibliografische Daten sind im Internet über http://dnb.d-nb.de abrufbar.

Für Fragen und Anregungen
info@finanzbuchverlag.de

1. Auflage 2018

© 2018 by FinanzBuch Verlag, ein Imprint der Münchner Verlagsgruppe GmbH
Nymphenburger Straße 86
D-80636 München
Tel.: 089 651285-0
Fax: 089 652096

Copyright der Originalausgabe © 2018 by Benjamin Spall und Michael Xander
Illustrationen © 2018 by Elisabeth Fosslien
Die englische Originalausgabe erschien 2018 bei Portfolio/Penguin, New York, einem Imprint von Penguin Random House LLC unter dem Titel *My Morning Routine. How Successful People Start Every Day Inspired.*

Übersetzung: Thomas Gilbert
Redaktion: Caroline Kazianka
Korrektorat: Hella Neukötter
Umschlaggestaltung: Manuela Amode
Umschlagabbildung: istockphoto.com/Pierre Aden
Satz: Daniel Förster
Druck: GGP Media GmbH, Pößneck
Printed in Germany

ISBN Print 978-3-95972-142-4
ISBN E-Book (PDF) 978-3-96092-260-5
ISBN E-Book (EPUB, Mobi) 978-3-96092-261-2

Weitere Informationen zum Verlag finden Sie unter

www.finanzbuchverlag.de

Beachten Sie auch unsere weiteren Verlage unter www.m-vg.de

**Für Audra,
für die ich morgens aufwache**
Benjamin

Für meine geliebte Familie
Michael

INHALT

EINLEITUNG

Sind Sie schon jemals morgens um acht voller Panik aufgewacht, mit verquollenen Augen, und hatten gerade noch
genug Zeit, um eine Tasse Kaffee hinunterzustürzen, bevor Sie
das Haus verlassen mussten? Haben Sie schon mal mit Blick auf
erfolgreiche Menschen gedacht: »Was machen die nur, was ich
nicht hinbekomme? Wie kann ich so wie diese Menschen mein
eigenes Leben besser in den Griff bekommen?«

Den Großteil unseres Lebens als Erwachsene – da geht es
Michael in Berlin ebenso wie Benjamin in London – verlaufen
unsere Morgenstunden nach demselben Muster: Wir wälzen uns
aus dem Bett und tappen gleich in die Falle, indem wir unsere
Smartphones, E-Mails und andere Benachrichtigungen checken,
die in der Nacht eingetroffen sind, bevor wir hastig das Haus verlassen und uns auf den Weg zur Arbeit machen. Der unter-
schwellige Stress dieser gedankenlosen Morgenverrichtungen
leitet Arbeitstage ein, die von wechselhaften Stimmungslagen
und instabiler Produktivität gekennzeichnet sind. Weit entfernt
von dem zufriedenen Gefühl, nach einem langen Arbeitstag
etwas geschafft zu haben, fühlen wir uns ausgelaugt und sind
alles andere als darauf erpicht, den ganzen Prozess am nächsten
Tag zu wiederholen. Kommt Ihnen das bekannt vor?

Die Art und Weise, wie Sie Ihren Morgen gestalten, hat eine
weitreichende Auswirkung auf den Rest Ihres Tages. Die Entscheidungen, die wir in der ersten Stunde unseres Morgens treffen, bestimmen, ob wir für den Rest des Tages produktiv und
zufrieden sind oder ob alles über uns zusammenbricht. Es mag
für viele vielleicht unbequem sein, aber gute Tage kommen

nicht zufällig zustande. Unvorhergesehene Ereignisse können eintreten und die besten Pläne in Gefahr bringen. Wenn Sie nicht vor allem anderen Ihre inneren Kraftreserven mobilisieren, sich konzentrieren und ruhig bleiben, haben Sie keine Chance. Beginnen Sie Ihren Morgen ganz bewusst, dann können Sie diese positiven Momente mit in den Tag nehmen.

> »Am Morgen, in den ersten Stunden des Tages, wenn ich allein im Büro bin und nicht unterbrochen werde, gelingt es mir mehr zu schreiben als in den gesamten folgenden zwölf Stunden.«
>
> NICK BILTON, AUTOR UND JOURNALIST

Seit dem Start der Website mymorningroutine.com haben wir mit Hunderten erfolgreicher Menschen in aller Welt Interviews über ihr Morgen-Ritual geführt und das entsprechende Datenmaterial ausgewertet. Dabei haben wir festgestellt, dass immer mehr Menschen überzeugt sind, dass es bessere Wege gibt, in den Tag zu starten, als sich in den wenigen kostbaren Morgenstunden abzuhetzen. Im Rahmen unserer Befragungen zur morgendlichen Routine von Menschen haben wir herausgefunden, dass nahezu keiner der erfolgreichsten und klügsten Menschen seine Morgenstunden einfach planlos verbringt. Und das ist kein Zufall!

Neben den Erkenntnissen, die sich aus mehr als 300 Interviews ergeben haben, enthält dieses Buch 64 Interviews zu Morgen-Ritualen mit einer Reihe unterschiedlicher Persönlichkeiten: vom US-Armee-General a. D. Stanley McChrystal über die dreifache Olympiagoldgewinnerin Rebecca Soni und den Präsidenten der Pixar und Walt Disney Animation Studios Ed Catmull bis hin zu der japanischen Organisationsberaterin und Bestsellerautorin Marie Kondo, deren Credo lautet: durch Aufräumen das Leben verändern. Wir zeigen Ihnen die erstaunlichen Gemeinsamkeiten von Morgen-Ritualen und auch ganz eigene, innovative Wege, die viele dieser Menschen gehen.

Bei einigen Ritualen stehen morgendliche Leibesübungen und eine spartanische Lebensweise im Vordergrund; bei anderen geht es gemächlicher und weniger maßvoll zu. Wir stellen Ihnen Schlafgewohnheiten und Ernährungsregeln vor, elektronische Geräte und Fitnessübungen – eine große Palette von Dingen, die Sie zu Hause ausprobieren können.

WARUM EIN MORGEN-RITUAL WICHTIG IST

Mit diesem Buch wollen wir nicht behaupten, dass es nur einen einzigen richtigen Weg gibt, in den Tag zu starten. Wir möchten vielmehr, dass Sie experimentieren, bis Sie ein Morgen-Ritual gefunden haben, das zu Ihnen passt – eines, das Ihnen das Gefühl gibt, körperlich und geistig hellwach und auf der Höhe zu sein und Sie mental so stärkt, dass Sie einen großartigen Tag haben werden, selbst wenn Sie kein Morgenmensch sind, kleine Kinder haben oder einem anstrengenden Vollzeitjob nachgehen und deshalb in aller Herrgottsfrühe aufstehen müssen.

Die kleinen Dinge, die wir Tag für Tag tun, beeinflussen unsere Entwicklung und prägen unsere Persönlichkeit. Mit den Worten von John Lennon: »Leben ist das, was passiert, während wir eifrig damit beschäftigt sind, andere Pläne zu schmieden.« Was uns ausmacht, beginnt oft mit dem, was wir unterbewusst tun – und das fängt bei der morgendlichen Routine an.

Um ehrlich zu sein, ist es schwierig, einen erfüllten Tag zu haben, wenn man den Morgen planlos beginnt. Die Morgenstunden sind ein unbeschriebenes Blatt, die Gelegenheit, neu anzufangen. Selbst wenn Ihre erste Handlung nach dem Aufwachen darin besteht, einfach ins Bad zu gehen, ist dies der Anfang einer Reihe von Gewohnheiten – einer Abfolge zusammenhängender Handlungen. Das Aufwachen ist der Auslöser für den Gang ins Badezimmer, was Sie wiederum veranlasst, die Zähne zu putzen, was dazu führt, dass Sie die Trainingssachen anziehen, sich zum Meditieren niederlassen oder sich eine Tasse Ihres bevorzugten Tees oder Kaffees aufsetzen. Ähnlich wie ein Turm von Bauklötzen sind Gewohnheiten nur so tragfähig wie die Grundbausteine. Wenn Sie Ihren Tag damit beginnen, Ihr Telefon zu checken, kann das eine unproduktive Reihe von Handlungen auslösen. Hinzu kommt, dass es am Nachmittag schwieriger ist, von Grund auf eine Abfolge guter Gewohnheiten aufzubauen, weil unsere Willenskraft durch den Stress des Tages erschöpft ist. Morgens können wir meist viel mehr als nur reagieren – weil wir noch nicht den ganzen Tag damit verbracht haben, Entscheidungen zu treffen, daher können wir uns über unseren Morgen klarere Gedanken machen und mehr Initiative zeigen.

Ob Sie im Vorstand eines Fortune-500-Unternehmens sind (Sie finden das Morgen-Ritual des Vorstandsvorsitzenden der Vanguard-Unternehmensgruppe auf Seite 72), der Kopf eines aufstrebenden Medienimperiums (Seite 112), der Erfinder eines der erfolgreichsten Comicstrips aller Zeiten (Seite 184) oder irgendetwas dazwischen – ein positives, fokussiertes und entspanntes Morgen-Ritual zu haben, kann den Unterschied ausmachen, ob Sie Ihre Ziele erreichen oder nicht.

»Finden Sie ein Ritual, das zu Ihnen passt. Setzen Sie sich nicht unter Druck, wie Ihr Morgen auszusehen hat, nur um die Standards anderer Leute zu erreichen. Seien Sie flexibel und erkennen Sie, wann Sie umschwenken müssen, um die Dinge für sich selbst so einfach wie möglich zu machen.«

SHAKA SENGHOR, FÜHRENDE STIMME DER STRAFRECHTSREFORM

Ihr Morgen-Ritual wird und sollte im Laufe der unterschiedlichen Lebensphasen angepasst werden. Wenn Sie dieses Buch gelesen haben, werden Sie in der Lage sein, solche Veränderungen vorzunehmen; sie werden wohldurchdacht sein und im Einklang mit Ihren tiefsten Werten und sich ändernden Prioritäten stehen. Wir werden Ihnen zeigen, wie Sie die Säulen Ihres Morgen-Rituals am besten aufbauen, und Ihnen zugleich Ideen und Anregungen liefern, was Sie im Laufe der Zeit hinzufügen oder auf was Sie verzichten können. Sollte es bereits eine gewisse Konstanz in dem geben, was Sie als Erstes nach dem Aufwachen machen, dann haben Sie schon ein Morgen-Ritual, ob Sie sich dessen bewusst sind oder nicht. (Die meisten von uns lassen sich ja gedankenlos vom Bett zum Telefon, zum Kühlschrank und schließlich zur Arbeit treiben.) Das ist Ihr Ausgangspunkt. Lassen Sie uns nun ein Ritual entwickeln, das zu Ihnen passt.

ICH WAR NOCH NIE EIN FRÜHAUFSTEHER

Kürzlich wurden wir in einem Interview gefragt, ob man Frühaufsteher sein muss, um beruflich erfolgreich zu sein und ein glückliches Leben zu führen. Unsere Antwort lautete damals wie heute: *absolut nicht!* Dies ist eines der häufigsten Missverständnisse, wenn es um unsere Arbeit und Morgen-Rituale im Allgemeinen geht.

> »Mir ist die Uhrzeit, wann ich aufwache, weniger wichtig als die Anzahl der Stunden, die ich schlafe.«
>
> RACHEL BINX, EXPERTIN FÜR INFOGRAFIKEN

Ob Sie nun Frühaufsteher oder Langschläfer sind (oder irgendetwas dazwischen) –, Ihr Morgen beginnt dann, wenn Sie aufgewacht sind. Das kann um sechs Uhr morgens sein oder um sechs Uhr abends, aber unabhängig von der Uhrzeit haben Sie immer diese ersten Momente nach dem Aufwachen. Ihr Morgen bereitet Ihnen die Basis für den Rest des Tages. Das bedeutet nicht, dass Sie früh aufstehen müssen, sondern dass Sie Ihren Morgen nutzen sollten, um das zu tun, was Ihnen am wichtigsten ist.

Wenn Sie in einer Beziehung leben, kann es gut sein, dass einer von Ihnen ein Frühaufsteher und der andere eine Nachteule ist. Benjamin ist mit einer solchen Nachteule verheiratet. Ihm wurde schnell klar, dass die Morgenstunden nicht für jeden das Gleiche bedeuten. Nur weil er morgens hellwach war (und seine Augen nach 22 Uhr kaum mehr offenhalten konnte), hieß das nicht, dass das auch für seine Frau galt. Eine müde Frau an der Seite zu haben, ist etwas anderes, als ein müdes Baby zu haben, aber es bringt gleichwohl die morgendliche Routine durcheinander. Wenn Sie mit der gleichen Situation in Ihrer Beziehung konfrontiert sind, akzeptieren Sie diese Unterschiede (und lesen Sie mehr darüber in dem Kapitel »Veränderungen akzeptieren«).

DER UMGANG MIT DIESEM BUCH

Auf den folgenden Seiten haben wir die jeweiligen Morgen-Rituale in Kapitel gegliedert, wobei jedes Kapitel sich auf einen Aspekt fokussiert, der hilft, sich ein bestimmtes Ritual anzueignen. Wir zeigen, wie Sie Ihrem Morgen unterschiedliche Elemente hinzufügen können – etwa ein Workout, Meditation oder zwanglose Formen der Selbstfürsorge –, wie Eltern ihr Ritual den Bedürfnissen ihrer Kinder anpassen können, und schließlich, wie Sie auf lange Sicht Ihr Morgen-Ritual aufrechterhalten können.

Während jedes dieser Rituale innerhalb eines bestimmten Kapitels sich auf das jeweilige Thema bezieht, kann jedes Interview als eigenständiges Ritual gelesen werden. Sie können das Buch aufschlagen und an einer beliebigen Stelle zu lesen beginnen oder im Inhaltsverzeichnis gezielt etwas auswählen. Um einen Überblick über die wichtigsten Kernpunkte zu bekommen, schauen Sie sich im jeweiligen Kapitel den Abschnitt »Nun sind Sie dran« an, um Tipps und Anregungen für Ihr eigenes Ritual zu bekommen.

Wir benutzen das Wort »Ritual« in einem positiven Sinne. Für uns ist das Morgen-Ritual keine monotone Serie streng festgelegter Übungen, durch die Sie sich zu Beginn des Tages quälen müssen. Die stetigen Wiederholungen eines solchen Rituals können sehr beruhigend sein oder auch als Erinnerung dienen, diejenigen Dinge zu tun, die Sie tatsächlich tun wollen.

> »Wenn Sie ein Morgen-Ritual entwickeln, sollte Ihnen bewusst sein, dass Sie das in Angriff nehmen, um sich selbst etwas Gutes zu tun, nicht, um den Produktivitätsstandard irgendeines Fremden zu erfüllen.«
>
> ANA MARIE COX, POLITISCHE KOLUMNISTIN UND KULTURKRITIKERIN

Auch wenn sich dieses Buch auf Interviews mit Menschen darüber stützt, wie diese ihre ersten morgendlichen Stunden gestalten, müssen Sie natürlich kein bestimmtes Ritual, das wir präsentieren, vollständig nachmachen. Sehen Sie die einzelnen vorgestellten Verhaltensweisen als Inspiration für sich selbst – wir entdecken ja immer wieder etwas Neues, was man ausprobieren kann und was wir auf unserer Website veröffentlichen –, aber letztendlich geht es um Ihr eigenes, ganz persönliches Morgen-Ritual. Wir wollen Sie ermutigen, das bestmögliche Ritual zu gestalten und zu erkennen, dass das Endziel nicht das Ritual an sich ist, sondern vielmehr das Glück und die Produktivität, die es Ihrem Leben bescheren kann. Denken Sie daran: Sie arbeiten nicht für das Ritual, das Ritual arbeitet für Sie.

Wir hoffen, dass Sie dieses Buch, das teils Ratgeber, teils Tagebuch von jemand anderem ist, als Handbuch dafür nutzen, sich ein positives, fokussiertes und gelassenes Morgen-Ritual anzueignen (und es beizubehalten). Zum anderen liefert das Buch auch viele inspirierende, lesenswerte Geschichten. Diese Interviews zu lesen, ermöglicht Ihnen Einblicke in die schönsten und privatesten Momente des Tages. Wie bei einem Mosaik entsteht so ein Bild davon, wer wir sind und wie wir leben.

Lassen Sie uns anfangen!

KAPITEL 1

RAUS AUS DEM BETT

ERFOLGREICH IN DEN TAG STARTEN

WER BRAUCHT SCHON EINEN WECKER,
WENN ER EINEN HUND HAT?

Das Aufwachen am Morgen mag auf Ihrer Liste der unbeliebtesten Dinge, die Sie tun müssen, ganz weit oben stehen, aber es ist leider unerlässlich, damit Sie mit Ihrem Morgen-Ritual beginnen können.

Abgesehen von Feueralarm und lästigen Mitbewohnern gibt es wenige Dinge, die Sie so schnell und vollkommen wach machen wie ein Morgen-Ritual, auf das Sie sich freuen und mit dem Sie unbedingt loslegen wollen. Dennoch brauchen wir manchmal einen kleinen Schubs, um über die Startlinie zu kommen (oder besser gesagt, aus dem Bett) und am Morgen vollständig wach zu werden.

In diesem Kapitel sprechen wir (unter anderem) mit dem Präsidenten des Massachusetts Institute of Technology), L. Rafael Reif, darüber, wie er die ersten Stunden nach dem Aufwachen verbringt, mit der verantwortlichen Direktorin der American Society for Muslim Advancement, Daisy Khan, darüber, dass der Ramadan ihre Morgenstunden grundlegend verändert, und mit dem Ökonomen und Autor Tyler Cowen über sein ungewöhnliches Frühstück (Appetit auf geräucherte Forelle mit Käse?).

CAROLINE PAUL

Autorin von *Katze vermisst* und ehemalige Feuerwehrfrau

Gewohnheitstiere, die Dinge nicht so schnell ändern wollen.

Wie sieht Ihr Morgen-Ritual aus?

Ich stelle mir den Wecker irgendwann zwischen sechs Uhr und halb sieben, je nachdem, wann ich schlafen gehe. Ich brauche meinen Schlaf, aber noch wichtiger ist es, dass ich früh aufstehe, sonst ist mein Tag zu kurz.

Dann mache ich Kaffee, füttere die Tiere, die sich langsam bemerkbar machen, schnappe mir zwei Proteinriegel und setze mich zum Lesen hin. Keine Zeitung, auch wenn ich gern die Schlagzeilen überfliege, sondern ein richtiges Buch. Wenn keines zur Hand ist, begnüge ich mich mit dem *New Yorker*. Diese Zeit ist heilig für mich, denn Lesen war schon immer Teil meines Lebens, und es ist schwer, Zeit dafür zu finden. Als Schriftstellerin ist es auch ein wesentlicher Bestandteil meiner Arbeit. Zu dieser Zeit schläft meine Partnerin Wendy noch, das Hundchen ist wieder ins Bett gegangen, eine Katze bereits draußen, sodass es nur noch zwei Tiere gibt, mit denen ich klarkommen muss, zum einen die Katze, die sich auf meinem Schoß einrollt, zum anderen mein eigener rastloser Geist – und beide verharren so, bis das Haus zum Leben erwacht. Ich muss sagen, dass der Übergang von dem Moment, der nur mir gehört, zu dem Zeitpunkt, wenn Unruhe entsteht und alle wach werden – Telefone klingeln, E-Mails eintreffen, der Hund wieder auftaucht –, immer sehr irritierend ist.

Wie lange pflegen Sie dieses Ritual schon? Was hat sich geändert?

Ich beginne meinen Tag seit fast 30 Jahren mit derselben Mahlzeit und Kaffee (einer großen Tasse Peet's French Roast, so stark, dass man ihn fast mit einem Löffel essen kann). Meine Güte, das ist irgendwie peinlich, wenn man das so schwarz auf weiß vor sich sieht. Aber diese Konstanz erdet mich erst einmal und gibt mir die Möglichkeit, mit allem fertigzuwerden, was mir widerfährt. Als ich noch bei der Feuerwehr war, habe ich morgens nicht gelesen und bin auch zu unregelmäßigen Zeiten aufgestanden, denn es war sehr unterschiedlich, wie lange ich mit einem Brandeinsatz oder einem Notfall beschäftigt war – und ohne ausreichend Schlaf bin ich nicht zu gebrauchen.

Als ich Vollzeitschriftstellerin wurde und mir einen eigenen Zeitplan erstellen musste, war ich sehr streng mit mir, wenn es darum ging, den Wecker zu stellen und aufzustehen. Ich brauchte eine feste Struktur und wollte auch an dem gerade aktuellen Buch weiterschreiben, bevor der Morgen verstrichen war. Viele Leute denken, dass man immer ausschlafen kann, wenn man an keine festen Bürozeiten gebunden ist, und wie herrlich das sein muss, aber für mich führt das geradewegs in ein unangenehmes Chaos und zu schlechter Laune.

Benutzen Sie einen Wecker, um aufzuwachen?

Immer. Ich habe versucht, mir anzutrainieren, ohne Wecker aufzuwachen, weil mir das wie eine faszinierende innere Fähigkeit erschien. Das führte aber nur dazu, dass ich die ganze Nacht damit zubrachte, mir Sorgen zu machen, ob ich wohl wach werden würde, und das ist es nicht wert. Wenn der Wecker klingelt, döse ich noch ein wenig, aber mein Hund und die zwei Katzen haben den Wecker natürlich auch gehört und starren mich so lange an, bis ich aufstehe. Das nennt man die tierische Schlummertaste.

Um wie viel Uhr gehen Sie schlafen?

Ich würde gerne jeden Abend um 21 Uhr ins Bett gehen. Ich bin einfach kein Nachtmensch. Sobald die Sonne untergegangen ist, denke ich, dass es eigentlich nicht mehr viel zu tun gibt, und fange an, mich auf den nächsten Morgen zu freuen.

Wie fügt sich Ihre Partnerin in Ihr Morgen-Ritual ein?

Wendys beste Arbeiten (sie ist Illustratorin) entstehen in der Nacht, sodass ihr die Morgenstunden nicht so wichtig sind wie mir. Das passt gut, weil ich dadurch einen entspannten Morgen habe und sie schlafen kann, ohne dass ich mich ständig herumwälze.

Behalten Sie Ihr Ritual auch an den Wochenenden bei?

Ich stehe gerne früh auf, komme, was da wolle, aber manchmal stelle ich aus Rücksicht auf Wendy den Wecker nicht. Doch wenn ich am Samstag oder Sonntag schreiben muss, dann klingelt der Wecker genauso wie unter der Woche.

Wie halten Sie es auf Reisen?

Wenn wir verreisen, hat meine Tasche immer Übergewicht, weil darin neben zwei Hosen und zwei Blusen noch 30 Proteinriegel, fünf Bücher und ein Paket Kaffee sind. Wendy sagt dann immer: »Caroline, es geht nach New York City, da kannst du alles kaufen!« Aber nein, ich überlasse in Bezug auf mein Morgen-Ritual nichts dem Zufall. Wendy geht viel lockerer mit ihrem Tagesablauf um. Früher hat sie mir immer zugeredet, ich solle doch weniger mitnehmen, aber nun sind wir schon seit neun Jahren zusammen und es stört sie nicht mehr.

JAMES FREEMAN

Gründer des Unternehmens Blue Bottle Coffee

Wenn die alte Espressomaschine einen morgens aus dem Bett lockt
und dabei hilft, die wichtigsten Entscheidungen zu treffen.

Wie sieht Ihr Morgen-Ritual aus?

Ich stehe meistens um sechs Uhr morgens auf, es sei denn, die
Babys wecken mich vorher. Ich habe einen Wecker ohne
Schlummertaste, sodass ich nicht in Versuchung gerate, sie zu
benutzen. Meine alte Espressomaschine (eine La San Marco
Leva aus den späten Siebzigern) ist an einen Timer angeschlossen, sodass die Maschine bereits aufheizt, wenn ich
aufwache, und dann die optimale Temperatur hat, um Kaffee
zu machen.

Nachdem ich aufgestanden bin, mache ich einen Cappucci-
no für mich und einen Milchkaffee für meine Frau. Ich bin
nicht so gut gelaunt, bevor ich meinen ersten Kaffee getrunken
habe, daher lautet mein Grundsatz: keine wichtigen Entscheidungen, bevor ich nicht einen Kaffee intus habe.

Produktempfehlungen

Möchten Sie die beliebtesten Kaffeeautomaten, Teekannen und
Entsafter der von uns interviewten Personen kennenlernen (oder
auch ihre Lieblingsbücher, Podcasts und Apps)? Schauen Sie sich
unsere regelmäßig aktualisierten Produktempfehlungen auf der
Website mymorningroutine.com/products/an. Dort erfahren Sie,
was die Welt Neues und Gutes zu bieten hat.

Wenn ich Glück habe, kann ich mich im Bett noch zehn bis 20 Minuten mit meiner Frau unterhalten und die *New York Times* lesen, während wir unseren Kaffee trinken. Manchmal muss der Hund während dieser Zeit raus, und das muss dann eben sein.

Um etwa Viertel vor sieben beginnt mein Sportprogramm. Nach dem Training dusche und frühstücke ich, füttere die Babys und ziehe sie an, dann kleide ich mich selbst an und springe ins Auto. Ich habe für die Fahrt nach Oakland für gewöhnlich eine Playlist vorbereitet. Früher habe ich National Public Radio gehört, aber das wurde mir zu deprimierend.

Wie lange pflegen Sie dieses Ritual schon? Was hat sich geändert?
Einige Jahre. Je mehr Babys hinzukommen, desto hektischer werden die Morgenstunden, aber bislang bekommt jeder, was er braucht.

Was tun Sie, um sich schon abends auf den Morgen vorzubereiten?
Die Küche ist immer geputzt und die Wohnung aufgeräumt, bevor wir ins Bett gehen. Es ist nicht immer einfach, das abends noch zu machen, aber es ist schön, in einer angenehmen Atmosphäre aufzuwachen.

Wie viel Zeit vergeht zwischen dem Aufwachen und dem Frühstück?
Ich frühstücke, wenn ich von meinem Training zurückkomme. Gewöhnlich einen Joghurt und Obst-Smoothie oder bloß Joghurt mit Marmelade und gehackten Mandeln. Mein Lieblingsjoghurt ist ein Vollmilch-Biojoghurt von Saint Benoît.

Haben Sie morgens ein bestimmtes Trainingsprogramm?
An vier Tagen in der Woche nehme ich an einem Boot Camp im Golden Gate Park von San Francisco teil. Es ist anstrengend und schweißtreibend und verschafft mir einen klaren Kopf – viel besser als alles, was ich jemals getan habe. Der Lehrer gibt einem das Gefühl, dass er nirgends anders sein und nichts lieber tun möchte, was meiner Erfahrung nach ziemlich selten ist.

Benutzen Sie irgendwelche Apps oder Hilfsmittel, um Ihr Morgen-Ritual zu verbessern?
Ist eine Kaffeemaschine ein Hilfsmittel? Pyjamas? Ein schöner Bademantel? Vielleicht bin ich zu alt, aber ich glaube nicht, dass man das Leben großartig beeinflussen kann – es kann nur gelebt werden.

Was sind Ihre wichtigsten Aufgaben am Morgen?
Wenn ich in die Arbeit komme, versuche ich, mich ganz auf die Menschen oder die Probleme zu konzentrieren, die ich vor mir habe. Deswegen ist es auch so wichtig für mich, schon vor der Arbeit einen klaren Kopf und eine gute Einstellung zu haben.

Wie halten Sie es auf Reisen?
Ich verreise mit einer kleinen Kaffeemaschine, sodass ich bestimmen kann, wann ich Kaffee mache. Zudem habe ich eine App auf meinem Handy, die ich benutze, um ein Intervalltraining zu absolvieren, wenn ich nicht in San Francisco bin. Ich liebe es, in fremden Großstädten in den jeweiligen Parks und Stadtvierteln joggen zu gehen. Ich versuche, meine Termine nicht zu früh zu legen, wenn ich auf Reisen bin, sodass ich jeden Morgen einen Kaffee und eine Joggingrunde einbauen kann.

ANDRE D. WAGNER

Künstler und Straßenfotograf in New York City

Wenn die kreative Arbeit es erfordert,
den ganzen Tag »bereit« zu sein.

Wie sieht Ihr Morgen-Ritual aus?

Ich wache gewöhnlich um sechs Uhr morgens auf, um ein wenig Zeit und Ruhe für mich selbst zu haben. Außerdem führe ich ein Tagebuch, in das ich dann manchmal schreibe.

Wenn ich nicht gerade eine Auftragsarbeit als Fotograf habe, verlasse ich normalerweise mit der Kamera in der Hand gegen sieben Uhr oder halb acht das Haus und bin bereit, den Tag zu genießen. Mein Ritual verändert sich von Zeit zu Zeit, aber ich wache stets früh auf. Der Morgen ist mit Abstand meine bevorzugte Tageszeit. Als Straßenfotograf begebe ich mich immer unter Menschen, beobachte die Leute, laufe den ganzen Tag herum und bin immer aufmerksam. Dadurch sind meine Tage stets voll und auch anstrengend. Es ist wichtig, dass ich etwas Zeit für mich selbst habe; das hilft mir, in so einer mitreißenden Stadt ausgeglichen zu bleiben.

Wenn ich an Fotoprojekten arbeite, passe ich denen mein Ritual an. Vor zwei Jahren, als ich in einem Fotostudio arbeitete, verließ ich meine Wohnung um sieben Uhr, weil ich ein bis zwei Stunden in der U-Bahn fotografieren wollte, bevor ich zur Arbeit musste. Jetzt, im Sommer, wenn das Licht bei Sonnenaufgang so wunderbar ist, gehe ich gerne raus und nutze das aus.

Was tun Sie, um sich schon abends auf den Morgen vorzubereiten?

Ich bin ein Ordnungsfanatiker und habe gerne alles sauber. In einer sauberen Wohnung aufzuwachen ist wunderbar. Das hält mir den Kopf frei.

Haben Sie morgens ein bestimmtes Trainingsprogramm?

Zwei oder drei Mal in der Woche fahre ich mit meinem Rad in den Prospect Park und drehe dort ein oder zwei Runden. Das ist großartig, denn es sind noch nicht so viele Menschen da und der Park ist schön ruhig. Am liebsten ist mir der Herbst, wenn die Morgenluft frischer wird.

Gehört Meditation zu Ihrem morgendlichen Ritual?

In einer sauberen Wohnung aufzuwachen, wenn schönes Licht durch die Fenster fällt, und dabei Miles Davis zu hören – das ist meine Art der Meditation.

Wann checken Sie das erste Mal Ihr Telefon?

Ich schaue auf mein Telefon, bevor ich das Haus verlasse, aber ich versuche, es nicht zu tun, während ich noch im Bett bin. Wenn ich aufwache, habe ich gerne noch etwas Freiraum für meine eigenen Gedanken und Ideen. Manchmal fällt mir auch gar nichts ein, und das ist absolut in Ordnung. Gelegentlich denke ich auch über etwas nach, das mit einem Projekt, an dem ich gerade arbeite, zu tun hat, oder über etwas, das mich beeindruckt hat, sei es im Zusammenhang mit der Fotografie oder nur ein persönlicher Austausch. Wenn ich aufwache, gehört das Checken des Telefons jedenfalls nicht zu meinen Prioritäten.

L. RAFAEL REIF

**Präsident des Massachusetts Institute
of Technology (MIT)**

Wenn es sich wie ein Vollzeitjob anfühlt, über Neuigkeiten
in der Welt immer auf dem aktuellsten Stand zu sein.

Wie sieht Ihr Morgen-Ritual aus?

Ich stelle meinen Wecker auf sechs Uhr morgens, aber ich bekomme ihn nur selten zu hören, denn ich wache meist zwischen fünf Uhr und halb sechs von allein auf.

Sobald ich wach bin, trinke ich ein Glas Wasser, dann checke ich meine E-Mails. Da das MIT weltweit auf so vielen Ebenen arbeitet, versuche ich, mich darüber auf dem Laufenden zu halten, was in der Welt vor sich geht, und es ist mir wichtig zu wissen, was während der Nacht im Ausland passiert ist. Ich versuche, alle dringenden Nachrichten umgehend zu beantworten, dann nehme ich mein Telefon oder Tablet mit zum Frühstück und lese die Nachrichten, während ich esse.

Nach dem Frühstück dusche ich, ziehe mich an und dann starte ich zu meinem ersten Meeting des Tages.

Um wie viel Uhr gehen Sie schlafen?

Ich versuche, gegen 23 Uhr ins Bett zu gehen. Ich lese immer noch etwas, eine Zeitschrift oder ein Buch, bevor ich das Licht lösche. Samstags fange ich mit der wöchentlichen Ausgabe des *Economist* an, und damit bin ich für ein paar Tage beschäftigt. Dann nehme ich mir für den Rest der Woche ein Buch. Ich liebe Geschichtsbücher und Biografien; es ist faszinierend, zurückzublicken, darüber nachzudenken, was einmal passiert ist, warum es passiert ist und wer dafür verantwortlich war.

Was tun Sie, um sich schon abends auf den Morgen vorzu-bereiten?

Bevor ich mich für die Nacht einkuschele, schaue ich mir noch den Terminkalender für den nächsten Tag an, um zu sehen, was mir meine Mitarbeiter für die kommenden 24 Stunden aufgehalst haben!

Ich benutze einen Fitness-Schlaf-Tracker. Er sagt mir, wie viel Stunden ich geschlafen habe und wie gut der Schlaf war. Vor allem aber finde ich es amüsant. Denn ich liebe Daten und ich liebe es, Daten zu vergleichen: Was sagt das Gerät über meine Ruhephasen und wie habe ich selbst meinen Schlaf empfunden?

Wie viel Zeit vergeht zwischen dem Aufwachen und dem Frühstück?

Wenn ich erst einmal die dringenden E-Mails aus der Nacht beantwortet habe, gehe ich runter zum Frühstück. Meine Frau wacht gewöhnlich um dieselbe Zeit auf und gesellt sich zu mir. Wir lesen beide die Nachrichten, während wir frühstücken, und kommentieren die Themen des Tages.

Was tun Sie, wenn etwas dazwischenkommt?

Wenn ich keine Möglichkeit habe, meine E-Mails zu checken, mache ich mir Sorgen, was ich verpasst haben könnte (selbst wenn ich meine E-Mails checke, mache ich mir Sorgen!). Zwar passiert es selten, aber wenn ich aus irgendeinem Grund das Frühstück auslasse, wirft mich das für den ganzen Tag aus der Bahn. Das Wort »Muffel« trifft es wohl ganz gut.

DAISY KHAN

**Geschäftsführerin der American Society
for Muslim Advancement**

Im Ramadan zum Morgengebet aufstehen und sich mit
vollem Bauch wieder schlafen legen müssen.

Wie sieht Ihr Morgen-Ritual aus?

Wann ich aufwache, hängt von der schwankenden Gebetszeit
ab (ich passe die Zeit des Aufwachens dementsprechend an).
Ramadan ist ein Monat, bei dem Körper, Seele und Geist nicht
nur herausgefordert werden, sondern sich auch verwandeln.
Der Ramadan ist wirklich anstrengend; ich schlafe um Mitternacht ein, wache um Viertel nach drei morgens aus dem Tiefschlaf auf, um eine Mahlzeit (*suhur*) zu mir zu nehmen, dann
beende ich mein Morgengebet und lege mich mit vollem Bauch
um halb fünf wieder schlafen, nur um gegen halb neun wieder
aufzuwachen, um zur Arbeit zu gehen.

**Wie viel Zeit vergeht zwischen dem Aufwachen und dem
Frühstück?**

Ich muss mich gemäß einer basischen Diät ernähren, also trinke ich direkt nach dem Aufstehen etwas Zitronenwasser. Dann
esse ich zwei Stunden später ein sehr gesundes Frühstück, denn
ich lasse das Mittagessen aus. Ich beginne mit schwarzem Tee
mit Milch (English Breakfast Tee), gekochten dicken Bohnen
(Protein), Gurken, Rucola oder Eiern mit glutenfreiem Brot und
Marmelade (die ich selbst eingemacht habe).

Was sind Ihre wichtigsten morgendlichen Aufgaben?
Die richtige Garderobe auszusuchen ist wichtig, denn ich muss sowohl für die Arbeit als auch für Abendveranstaltungen adäquat gekleidet sein. Ich habe nicht die Zeit, tagtäglich die komplette *New York Times* zu lesen, also überfliege ich die Zeitung und greife zur Schere, um die Artikel auszuschneiden, die ich lesen will, und dann sammele ich sie auf einem Stapel zur Lektüre am Wochenende. Jeden Morgen habe ich das Gefühl, ich würde basteln.

Behalten Sie Ihr Ritual auch an den Wochenenden bei?
Ich möchte am Wochenende keine festen Regeln. Das ist für mich Zeit zum Entspannen. Da lasse ich mich von meinem Körper leiten; ich schlafe, wenn ich müde bin, und wache ohne Wecker auf.

Wie halten Sie es auf Reisen?
Ich reise regelmäßig durch die ganze Welt und dazu gehören viele Langstreckenflüge, deshalb benutze ich Schlafmittel, um in der jeweiligen Zeitzone ausgeruht anzukommen. Wenn ich von zu Hause weg bin, verzichte ich auf das Ritual mit dem Zitronenwasser, denn es ist zu kompliziert, den Sicherheitsbeamten zu erklären, warum ich so viele Zitronen im Handgepäck habe.

TYLER COWEN

Professor für Wirtschaftswissenschaften an der
George Mason University, Autor von *Average Is Over*

Manche haben etwas gegen Leute, die morgens duschen.

Wie sieht Ihr Morgen-Ritual aus?

Ich wache ungefähr um halb sieben oder sieben Uhr morgens auf, trinke etwas Mineralwasser, knabbere eine grüne Paprikaschote und esse Käse und geräucherte Forelle dazu. Dann begebe ich mich an meinen Laptop und schaue mir die Nachrichten und E-Mails an und checke Twitter. Danach lese ich vier Zeitungen.

Dieser gesamte Prozess kann bis zu zwei Stunden dauern. Damit bereite ich mich darauf vor, darüber nachzudenken, was ich während des restlichen Tages schreiben werde. Von neun Uhr morgens bis mittags ist meine Hauptschreibzeit, auch wenn ich manchmal nach dem Mittagessen noch weiterschreibe.

Wie lange pflegen Sie dieses Ritual schon? Was hat sich geändert?

Seit Urzeiten, als es noch kein Twitter gab und ich noch Dinkelflocken aß. Ich kann mich kaum mehr an diese Zeit erinnern.

Manchmal gönne ich mir morgens, noch vor der grünen Paprika, ein Stück dunkle Schokolade – sie muss aber mindestens 70 Prozent Kakao enthalten, jedoch nicht mehr als 88 Prozent. Ich betrachte das als eine Art Willensschwäche, denn die Schokolade wäre eher am Ende des Ablaufs angebracht. Die Käsesorten wechseln, doch ich bevorzuge morgens cremigen Ziegenkäse oder hochklassigen Cheddar, auch wenn sie nicht die besten Käsesorten für später am Tag sind.

Um wie viel Uhr gehen Sie schlafen?

Um 23 Uhr und 26 Minuten. Nicht jeden Abend genau um 23:26 Uhr, aber meistens kommt es schon so hin. Manchmal, wenn meine Frau und ich plötzlich merken, dass es 23:26 Uhr ist, scherzen wir, dass es jetzt aber an der Zeit ist, schlafen zu gehen. Und das tun wir dann auch.

Was tun Sie, um sich schon abends auf den Morgen vorzubereiten?

Ich lege meine Brille auf den Laptop. Und es ist mir wichtig, bereits am Abend zu duschen. Zu viele Menschen verschwenden ihre produktivste Zeit am Morgen mit dem Duschen. Wenn man duscht, entspannt man und kommt runter – warum sollte man das morgens machen? Ich genieße eine Dusche lieber abends, wenn ich mich ohnehin entspannen sollte.

Welches Getränk nehmen Sie als Erstes morgens zu sich und wann genau?

Gerolsteiner Mineralwasser, eine deutsche Marke. Das kommt zuerst und zuletzt und überhaupt gibt es für mich nur das.

Wie fügt sich Ihre Partnerin in Ihr Morgen-Ritual ein?

Ich lese die Zeitung, während ich neben ihr stehe, und zwischendurch unterhalten wir uns. Wir haben keine Probleme mit den jeweiligen Ritualen, weil sie auch zur Arbeit muss.

Möchten Sie noch etwas hinzufügen?

Der Wert eines guten Sofas und einer Stereoanlage ist nicht zu unterschätzen.

TIM O'REILLY

Gründer und Geschäftsführer des Computerbuchverlags O'Reilly Media

Wenn Gedichte, philosophische Gedanken und Yogahaltungen
wie das Brett helfen, morgens wach zu werden.

Wie sieht Ihr Morgen-Ritual aus?

Ich wache normalerweise zwischen fünf Uhr und halb sieben morgens auf. Dann schäle ich mich aus dem Bett und gehe für die nächsten zwei Minuten gleich in die Brett-Haltung. Ich habe eine stark beschädigte Rotatorenmanschette und die Übung stärkt die Muskulatur und hilft, dass der Riss nicht noch stärker wird. (Mir ist aufgefallen, dass ich häufig nicht mehr dazu komme, die Übung zu machen, wenn ich es nicht sofort tue.) Anschließend mache ich zehn bis 15 Minuten lang Dehnübungen auf dem Boden meiner Bibliothek neben dem Schlafzimmer, vor meinen Büchern, die ich liebe – alte und neue Freunde, deren Buchrücken meine Erinnerungen anregen, sowohl an ihren Inhalt als auch an die daraus resultierenden Gespräche über das Wesen des Lebens und der Welt.

Im Allgemeinen ist es mir lieber, den Computer noch nicht einzuschalten und das Telefon nicht zu benutzen, bis ich einige Zeit in meiner realen Umgebung verbracht habe, deswegen hantiere ich meistens erst einmal eine Weile in der Küche herum, mache meiner Frau Jen und mir einen Tee und räume die Spülmaschine aus. Anschließend gehen wir in der Regel vier bis fünf Kilometer joggen oder zu einem Sportkurs. Wenn ich wieder zu Hause bin, lasse ich, während ich mich langsam vom Training erhole, die Hühner raus auf den Hof und hänge die Wäsche auf, sofern ich über Nacht eine Maschine angemacht habe. Dann geht's unter die Dusche und anschließend an die Arbeit.

Wie lange pflegen Sie dieses Ritual schon? Was hat sich geändert?

Die Wäsche und die Liebe zu den morgendlichen Übungen sind schon seit Jahrzehnten ein Teil meines Lebens. Das Brett gehört seit ungefähr vier Jahren zu meinem Ritual und das regelmäßige Training mit Jen ist etwas, was wir erst seit einigen Jahren ernsthaft betreiben.

Eine schöne Sache, die ich meinem Ritual in den letzten paar Jahre hinzugefügt habe, ist, dass ich jeden Tag beim Joggen versuche, eine Blume zu finden, die ich dann fotografiere. Es ist erstaunlich, wie viele unterschiedliche Blüten es gibt, und wenn man jeden Tag nach einer neuen Ausschau hält, erlebt man den Wechsel der Jahreszeiten viel intensiver, den immensen Reichtum der Natur und die unglaubliche Schönheit der Dinge, an denen man sonst achtlos vorübergehen würde.

Ich habe vor vielen Jahren in einer von C. S. Lewis' Parabeln von einem Mann gelesen, der nach seinem Tod eine Straße entlangspaziert und merkt, dass ihm die Blumen nur wie Farbtupfer vorkommen. Als er einem Geist begegnet, erklärt ihm der, dass das daran liegt, dass er sie sich zu Lebzeiten nie wirklich angeschaut hat. Dieser Fehler soll mir nicht unterlaufen. Gedichte und Philosophie und die Art und Weise, wie sie den normalen Arbeitsalltag beeinflussen können, sind ein wichtiger Bestandteil meines geistigen Werkzeugkastens – und meiner Meditation.

Um wie viel Uhr gehen Sie schlafen?

Irgendwann zwischen 21 und 23 Uhr, meistens so gegen 22 Uhr. Jen und ich spielen gewöhnlich ein oder zwei Runden Boggle vor dem Schlafen und ich lese noch ein wenig. Gerade habe ich den ersten Band der elfteiligen Romanserie von Upton Sinclair gelesen, deren Hauptfigur Lanny Budd heißt. George Bernard Shaw hat einmal über diese Romane gesagt: »Wenn mich jemand fragt, was in meinem langen Leben passiert ist, verweise ich nicht auf Zeitungsarchive und Behörden, sondern auf die Romane von Upton Sinclair.«

Gehört Meditation zu Ihrem morgendlichen Ritual?
Ich erinnere mich an etwas, das Joseph Campbell (Autor von *Der Heros in tausend Gestalten* und zahlreichen weiteren Werken zu Mythologie und Religion) in einem Gespräch gegen Ende seines Lebens gesagt hat. Er war schon über 80, aber noch immer topfit und sehr schlagfertig. Er erzählte die Anekdote, dass Alan Watts ihn gefragt hatte: »Welche Art von Yoga machst du, Joe?« Er sagte, er habe folgendermaßen geantwortet: »Ich unterstreiche Passagen in Büchern.« Für mich ist die beste Meditation, in jedem Moment zu versuchen, aufmerksam zu sein und die Türen und Fenster zum eigenen Denken geöffnet zu halten, um für das Universum offen zu sein.

Beantworten Sie morgens als Erstes Ihre E-Mails?
Wenn ich erst einmal den Computer eingeschaltet habe, checke ich die E-Mails. Ich beantworte dann gleich so viele wie möglich, andere setze ich auf die Liste der noch zu erledigenden Dinge und wieder andere verschwinden leider aus meinem Gesichtsfeld und gehen verloren, während ich nach unten scrolle. Bei Menschen, die dann auf meine Antwort vergeblich warten, muss ich mich entschuldigen.

Wie fügt sich Ihre Partnerin in Ihr Morgen-Ritual ein?
Wir gestalten den größten Teil unseres Morgen-Rituals gemeinsam, auch wenn sie ihre Nachrichten meist gleich checkt, während ich bereits in der Küche herumhantiere. Wenn ich die Spülmaschine ausräume, kommt sie dazu. Wer zuerst nach unten kommt, macht schon mal den Tee.

NUN SIND SIE DRAN

»Der Morgen ist der Teil des Tages, der mir heilig ist.
Ich liebe Neuanfänge – meine Mutter hat mir immer gesagt,
ich solle mir keine Sorgen machen, weil morgen ein neuer Tag
beginne. Ich erinnere mich daran, dass ich beim
Schlafengehen als Kind immer ganz aufgeregt war, weil
alles wieder von Neuem beginnen würde.«

DENA HADEN, PREISGEKRÖNTE KÜNSTLERIN

Sind Sie bereit, Ihren Wunsch, morgens im Bett liegen zu bleiben, zurückzustellen, sich den Prozess des Aufstehens leichter zu machen und alle Momente danach mehr zu genießen?

»Nach Jahren des Ausprobierens habe ich festgestellt, dass die ersten 30 Minuten des Tages den größten Einfluss darauf haben, wie ich mich den Rest des Tages fühle.«

MOLLI SUROWIEC, FITNESSTRAINERIN

Die Tipps, die nun folgen, resultieren aus der Arbeit von mehr als fünf Jahren, in denen wir Menschen zu ihren Morgen-Ritualen interviewt haben, wobei wir sowohl mit ausgesprochenen Frühaufstehern gesprochen haben als auch mit Menschen, die oft, wie die meisten von uns, am liebsten ihren Kopf unter den Kissen vergraben würden, wenn sie ihren Wecker hören. Wir hoffen, dass Sie aus manchem, was diese Menschen zu sagen haben, Ihren persönlichen Nutzen ziehen können:

EXPERIMENTIEREN SIE MIT IHRER WECKZEIT

Warum stehen Sie jeden Morgen zu einer ganz bestimmten Zeit auf? Wachen Sie immer zur selben Zeit auf oder ändert sich das abhängig vom Wochentag oder davon, wie Sie sich fühlen? Für viele von uns hängt die Zeit, wann wir aufstehen, damit zusammen, wann wir bei der Arbeit, in der Schule oder sonst wo sein müssen. Auch wenn das Aufstehen in letzter Minute, kurz bevor Sie das Haus verlassen müssen, eine angemessene Strategie ist, wenn Ihr einziges Ziel darin besteht, nicht gefeuert zu werden oder von der Schule zu fliegen, sollten Sie ausprobieren, früher aufzustehen und sich mehr Zeit für ein Morgen-Ritual zu gönnen.

Ab morgen sollten Sie genau fünf Minuten früher aufstehen als sonst. Wenn Sie normalerweise um sieben Uhr morgens geweckt werden, stellen Sie Ihren Wecker stattdessen auf fünf vor sieben. Dann stehen Sie zu dieser neuen Zeit jeden Tag der restlichen Arbeitswoche auf (und wenn Sie wollen, auch am Wochenende). Das mag Ihnen als unspektakuläre Übung erscheinen, aber kleine Veränderungen machen es leichter, sich an etwas Neues zu gewöhnen. Wenn Sie erst einmal eine Woche lang fünf Minuten früher aufgewacht sind, legen Sie fünf weitere Minuten dazu, sodass Sie nun zehn Minuten früher aufstehen.

Wenn Sie Ihre Weckzeit jede Woche um fünf Minuten verschieben, werden Sie schließlich die für Sie richtige Zeit finden. Aber natürlich sollten Sie nicht so früh aufwachen, dass Sie schon am Nachmittag einschlafen.

SCHAFFEN SIE SICH EINEN HUND AN (ERNSTHAFT)

Wenn es Ihnen schwerfällt, morgens wach zu werden, gibt es zwei Möglichkeiten, das zu verändern:

1. Sorgen Sie für Nachwuchs.
2. Schaffen Sie sich einen Hund an.

Da wir die erste Möglichkeit, natürlich entsprechend der jeweiligen Lebenssituation, großartig finden, haben wir ein komplettes Kapitel den Morgen-Ritualen von Eltern gewidmet. Daher bleibt uns hier noch die Überlegung, sich einen Hund anzuschaffen. Art Director David Moore bringt es treffend auf den Punkt: »Es ist schwer zu verschlafen, wenn man zwei Hunde hat, die einen abgöttisch lieben.«

Wenn Sie jemals einen Hund hatten, wissen Sie, was wir meinen. Hunde werden Sie nicht schlafen lassen und auf ihren Morgenspaziergang verzichten; Sie sind alles, was sie haben, und sie geben keine Ruhe, bis Sie aufstehen und mit ihnen den Morgen genießen.

MACHEN SIE IHR BETT

Morgens sein Bett zu machen, ist eines der einfachsten Dinge, die Sie tun können, um bewusst wach zu werden und sich auf den vor Ihnen liegenden Tag vorzubereiten. Außerdem verringert sich dadurch das Risiko, dass Sie wieder ins Bett zurückklettern.

Sozialarbeiterin Heidi Sistare stellt fest: »Wenn das Bett gemacht ist, habe ich das Gefühl, meine Welt ist sauber und ordentlich. Dann kann ich all meine Aufmerksamkeit meiner Arbeit widmen.« So effektiv kann es sein, wenn man einfach nur sein Bett ordentlich macht. Das ist einer der Gründe, warum das Militär so genau darauf besteht, dass die Soldaten ihre Betten in Ordnung bringen: Es vermittelt ein Gefühl von Disziplin und bereitet sie auf den Tag vor.

Ihr Bett zu machen, mag keinen so unmittelbaren, tiefgreifenden Effekt haben, wie dies bei jenen Männern und Frauen der Fall ist, die ihren Dienst beim Militär ableisten, aber es wird Ihnen helfen, Ihren Tag fokussierter und produktiver zu gestalten.

SCHALTEN SIE ALLE HINTERGRUNDGERÄUSCHE AUS

Wenn Sie als Erstes nach dem Aufwachen die Morgennachrichten im Radio einschalten (oder sogar einen Radiowecker haben, der den richtigen Sender eingestellt hat), empfehlen wir Ihnen, sich das so schnell wie möglich abzugewöhnen. Auch wenn Sie dadurch vielleicht besser informiert sein mögen, sind diese Nachrichtenprogramme stressig und haben einen negativen Einfluss auf Ihren Morgen.

Nehmen Sie sich ein Beispiel an Richter Jeremy Fogel, dem Direktor des Federal Judicial Center in Washington D. C. Nachdem er sich morgens die Zeitung genommen und eine Tasse Kaffee gemacht hat, legt er ruhige klassische Musik auf. »Diese Art von Musik zu hören – am liebsten sind mir Bach, Händel und Komponisten des Barock –, hat [auf mich am Morgen] fast immer eine beruhigende Wirkung und die musikalische Struktur scheint meine Aufmerksamkeit zu stärken.«

GEHEN SIE NACH DRAUSSEN

Lassen Sie sich etwas Sonnenlicht aufs Gesicht scheinen und füllen Sie Ihre Lungen mit frischer Luft. Gehen Sie laufen oder fahren Sie Rad oder spazieren Sie einfach um den nächsten Häuserblock oder durch Ihr Viertel. Wenn Sie drinnen nicht richtig wach werden können, gibt es keinen Grund dort zu bleiben – gehen Sie nach draußen. (Mehr darüber, wie man sich ein Trainingsritual gestaltet, finden Sie in unserem Kapitel »Workout am Morgen«.)

Mit den Worten von Ausdauersportler Terri Schneider: »Ich gehe für gewöhnlich zehn oder 15 Minuten nach dem Aufstehen nach draußen. Ich versuche dabei, mich nicht zu hetzen, aber ich sehe keinen Sinn darin herumzubummeln. Ich liebe die Ruhe und Abgeschiedenheit der frühen Morgenstunden, und das motiviert mich, aufzustehen und rauszukommen –

dann habe ich das Gefühl, den Platz für mich allein zu haben, bevor der Rest der Menschheit sich rührt.«

BEGINNEN SIE IHREN MORGEN MIT DANKBARKEIT

Shaka Senghor sagt Folgendes: »Das Erste, was ich [am Morgen] mache, ist, mich auf das Gefühl der Dankbarkeit zu konzentrieren und auf drei Dinge, für die ich dankbar bin. Ich praktiziere tagtäglich Dankbarkeit.«

Wenn Sie Ihren Morgen beginnen, indem Sie sich in Dankbarkeit üben, wird es Ihnen viel leichter fallen aufzustehen, denn Ihr Tag ist mit Bedeutung aufgeladen, was weit über die anstehenden Dinge hinausgeht.

Wenn Sie gläubig sind, können Sie vielleicht ein Gebet sprechen. Der ehemalige Art Director Erin Loechner erzählt: »Ich beginne meinen Morgen mit einem einfachen Gebet: Gott, hilf mir zu erkennen. Das ist es schon. Nichts Besonderes. Ich finde, das bietet mir die rechte Menge an Perspektive, die ich tagsüber benötige – ich wiederhole das immer in meinen Gedanken.«

BENUTZEN SIE EINEN WECKER, ABER DRÜCKEN SIE NICHT AUF DIE SCHLUMMERTASTE

Die meisten Menschen verlassen sich auf ihren Wecker, um aufzuwachen. Wir benutzen selbst welche. Aber wir halten nichts davon, auf die Schlummertaste zu drücken, denn das schadet häufig mehr, als dass es guttut.

Natürlich bedeutet das nicht, dass es leicht ist, sich das abzugewöhnen. Der Lehrer Richard Wotton meint: »Ich habe mir selbst die Schlummertaste verboten, denn zehn Minuten Extraschlaf helfen mir auf lange Sicht nicht. Im Winter, wenn die Temperatur unter null Grad fällt, ist diese Regel eine echte Herausforderung.«

Natürlich ist ein Wecker für die meisten Menschen mit Vollzeitjobs und anderen Verpflichtungen notwendig, aber die Schlummerfunktion (selbst wenn man den Wecker früher stellt, um noch ein wenig Zeit zum Dösen zu haben) führt häufig dazu, dass man sich schlechter fühlt, wenn man schließlich aufgestanden ist – ganz im Gegensatz dazu, wenn man gleich beim ersten Weckton aufsteht. Schriftsteller Gray Miller sagt zum Thema Schlummertaste: »Liegen zu bleiben, während man so tut, als schlafe man, ist so, wie den Motor laufen zu lassen, ohne einen Gang einzulegen.« Oder, wie der Unternehmer und Teilnehmer an der Reality-Show *Survivor* es ausdrückt: »Verantwortung für sein Leben zu haben, ist ein guter Antrieb, um aus dem Bett zu kommen.«

Stellen Sie Ihren Wecker in einen anderen Raum

Wenn es bei der Gestaltung des Morgens eine Veränderung gibt, die eine wirklich große Auswirkung darauf hat, wie schnell Sie morgens aufstehen, ist es das Umstellen Ihres Weckers in ein anderes Zimmer. Dieses Vorgehen ist in unseren Gesprächen immer wieder erwähnt worden – und das hat seinen Grund.

Wenn Sie Ihren Wecker (der ja meist das Handy ist) über Nacht in ein anderes Zimmer legen, ist der physische Akt, aus dem Bett aufzustehen und ihn auszuschalten, häufig schon ausreichend, um richtig wach zu werden und Ihr Blut in Bewegung zu bringen. Die Jugendromanautorin Lindsay Champion sagt dazu: »Es gibt keinen Grund, die Schlummertaste zu drücken, wenn du bereits fünf Meter vom Bett entfernt bist.«

ANDERERSEITS ...

Es gibt selbstverständlich einige Menschen, die unserer Verurteilung der Schlummertaste widersprechen. Wenn Sie schon ein Leben lang gerne noch etwas dösen und es für Sie gut funktioniert, dann haben wir überhaupt nichts dagegen, dass Sie das beibehalten. Die Illustratorin Eli Trier bemerkt dazu: »Es gibt etwas an diesem nebulösen halb wachen, halb schlafenden Zustand, das eine besondere Wirkung hat. Ich finde häufig in genau jenem Zustand die Lösungen zu irgendwelchen Problemen, die mich beschäftigen, und komme auf Ideen und Einsichten wie sonst selten.«

Weil es für Sie in Ordnung ist, erst nach fünfmaligem Drücken der Schlummertaste aufzustehen, muss das aber nicht heißen, dass Sie die verstärkte Energie und Produktivität nicht schätzen würden, die ein Aufstehen ohne Schlummertaste mit sich bringen kann. Aber wenn für Sie der halb wache Zustand eine Inspirationsquelle ist, können Sie auch Ihre eigenen Regeln aufstellen.

Wenn wir gerade dabei sind: Haben Sie für sich effektive Methoden gefunden, die das Aufstehen erleichtern und die wir hier nicht erwähnt haben, dann behalten Sie diese unbedingt bei. Wir empfehlen zum Beispiel, elektronische Geräte über Nacht nicht im Schlafzimmer liegen zu lassen, damit Sie morgens nicht dazu verführt werden, sich dem Trubel der sozialen Medien auszusetzen. Doch einige Menschen, mit denen wir für dieses Buch gesprochen haben, sehen das anders, wie etwa der Partner beim Unternehmen GV (die Risikoabteilung von Alphabet Inc.) M. G. Siegler, der meint: »Ich denke oft, dass ich warten sollte [das Telefon zu checken], bis ich ganz wach bin, aber eigentlich hilft mir das Checken des Telefons, wach zu werden und mein Gehirn anzukurbeln.«

Was immer Sie tun, Sie brauchen keinerlei Schuldgefühle zu entwickeln, was Ihr Morgen-Ritual betrifft. Jeder noch so disziplinierte Profi, mit dem wir gesprochen haben, weicht auch manchmal etwas davon ab.

KAPITEL 2

KONZENTRATION UND PRODUKTIVITÄT

WAS SIE TUN KÖNNEN, UM MORGENS PRODUKTIVER ZU SEIN

SEI MORGENS PRODUKTIV
←
CHECKE DEINE E-MAILS

Es liegt eine enorme Kraft darin, die ersten Stunden am Morgen für kreative und wirklich erfüllende Projekte zu nutzen und große Fortschritte bei Dingen zu machen, die ansonsten zurückgestellt werden müssten – so verspüren Sie schon frühmorgens ein Gefühl der Produktivität, das Sie dann mit in den Tag nehmen können.

Wir möchten Sie dazu ermutigen, am Vortag eine To-do-Liste zu erstellen und Ihre wichtigste Aufgabe an die Spitze zu setzen – und sich, es sei denn, es kommen unaufschiebbare Ereignisse dazwischen, gegen die Sie wirklich nichts tun können, sich an diese Reihenfolge zu halten. Ergreifen Sie morgens die Initiative, anstatt auf Ereignisse zu reagieren, auf die Sie keinen Einfluss haben.

In diesem Kapitel sprechen wir (unter anderem) mit Gregg Carey über die vier wesentlichen Komponenten seines Morgens; mit der Schriftstellerin und Gastautorin für den *New Yorker* Maria Konnikova darüber, dass der Morgen für sie die richtige Zeit ist, um zu sagen: »Ich habe Dinge erledigt«, bevor sie sich dem Rest des Tages widmet; und mit dem leitenden Redakteur des Magazins *Fortune*, Geoff Colvin, der sich zwingt, die wichtigsten Dinge auf seiner To-do-Liste zu erledigen, der jedoch gesteht, dass ihm dies trotz größter Bemühungen nicht immer hundertprozentig gelingt.

RYAN HOLIDAY

Autor von *Das Hindernis ist der Weg*

Vormittags so viel erledigen, dass der Nachmittag als
zusätzlicher Bonus erscheint.

Wie sieht Ihr Morgen-Ritual aus?

Einer der besten Ratschläge, die ich erhalten habe, kommt von
Shane Parrish. Das Interview mit Shane Parrish befindet sich
auf Seite 68.

Ganz einfach: Wenn Sie produktiver sein wollen, stehen Sie
früh auf. »Früh« ist ein sehr subjektiver Begriff. Seien Sie wie
Ryan zufrieden mit Ihrer Aufwachzeit, ganz gleich, wann das
ist. Also stehe ich gegen acht Uhr morgens auf. Ich habe noch
eine weitere einfache Regel: Mach am Morgen eine Sache, bevor du deine E-Mails abrufst. Das kann Duschen sein, eine län-
gere Joggingrunde oder ein paar Gedanken, die ich in mein
Tagebuch notiere. Normalerweise entscheide ich mich fürs
Schreiben. An den meisten Vormittagen versuche ich, ein bis
zwei Stunden zu schreiben, bevor ich in den restlichen Tag starte (und mich der To-do-Liste vom Vortag widme).

Ich dusche, mache mich fertig und gehe runter in mein
Büro/meine Bibliothek, um dort zu schreiben. Ich empfinde es
so, dass ich nach einem produktiven Morgen, an dem ich die
wichtigsten Dinge erledigt habe, den Rest des Tages frei gestalten kann. Das ist dann ein zusätzlicher Bonus.

**Wie lange pflegen Sie dieses Ritual schon? Was hat sich
geändert?**

Ein Ritual ist etwas, das sich wiederholt. Man fügt etwas hinzu
und passt es im Laufe der Zeit an. Ich variiere dieses besondere

Ritual seit fast acht Jahren. Mein momentanes Ritual befolge ich seit ungefähr vier Jahren – jedes Ritual ist ein wenig anders, abhängig davon, wo ich wohne. Ich glaube, je beschäftigter man ist, je mehr Möglichkeiten sich ergeben, desto stärker werden die Rituale auf die Probe gestellt. Kann man sie beibehalten? Kann man der Verführung widerstehen, ins Chaos abzugleiten? Und wenn man auf Reisen ist: Wie schnell kann man sein Ritual wiederaufnehmen? Ich glaube, ich bin da schon ziemlich gut. Natürlich geht es immer noch besser, aber da ich Rituale brauche, fällt mir das auch leicht.

Nichts bringt ein Ritual so sehr in Gefahr wie ein Kind. Als meine Frau und ich Eltern wurden, war ich auf große Veränderungen gefasst. Aber es ist noch immer ungefähr dasselbe – ich nehme das Baby morgens für eine Stunde, damit meine Frau noch etwas schlafen kann, und in dieser Zeit bin ich mit ihm zusammen und spiele mit ihm. Er sitzt auf meinem Schoß, während ich in mein Tagebuch schreibe. Ich halte ihn auf dem Arm, wenn ich die Hühner rauslasse. Manchmal lese ich ihm etwas vor. Es ist eine schöne, ruhige und friedliche Ergänzung zu meinem Ritual.

Die Regel »Keine E-Mails am Morgen« ist in den letzten Jahren für mich immer wichtiger geworden. Denn dadurch fühle ich mich nicht schon morgens so gehetzt, sondern starte den Tag stattdessen gewinnbringend. Besonders mit dem Schreiben, denn das erlaubt es mir, den Tag frisch und mit klarem Kopf anzugehen. Das Letzte, was man brauchen kann, wenn man schreibt, ist, dass 46 UNGELESENE E-MAILS wie ein Gespenst über einem schweben. Das trägt nicht dazu bei, dass man den Moment genießen kann.

Benutzen Sie einen Wecker, um aufzuwachen?
Ja, aber ich bin nicht der Typ für die Schlummertaste. Ich wache zu der Zeit auf, die zu mir passt. Wenn das nicht so wäre,

würde ich das ändern. Ich versuche auch nicht, sinnlos lange wach zu bleiben.

Wie viel Zeit vergeht zwischen dem Aufwachen und dem Frühstück?
Das hängt davon ab, ob ich losmuss oder das Frühstück gemeinsam mit meiner Frau zubereite. Als wir in New York wohnten, gingen wir zusammen aus dem Haus und arbeiteten morgens häufig in einem Restaurant. Manchmal mache ich das, wenn ich in Austin bin, aber hier haben wir Hühner, weswegen wir normalerweise im Stall nach Eiern schauen und etwas gemeinsam zubereiten. Mein Büro ist direkt neben der Küche, sodass ich ohnehin ein und aus gehe.

Haben Sie morgens ein bestimmtes Trainingsprogramm?
Ich trainiere eher am Nachmittag. Ich laufe in Austin um den See oder gehe in Barton Springs schwimmen. Wenn es ein CrossFit-Tag ist, besuche ich den Vorabendkurs. Wenn ich verreise, habe ich den Zeitplan nicht so sehr im Griff, weswegen ich dann morgens eine große Runde laufe, damit der Tag im Bewusstsein beginnt, dass ich zumindest laufen gewesen bin, ganz gleich, wie er sich entwickelt.

Behalten Sie Ihr Ritual auch an den Wochenenden bei?
Wochenenden sind für mich großartige Beispiele dafür, wie das Leben sein sollte, wenn wir in der Lage wären, Ablenkungen und Verpflichtungen zu ignorieren.

Samstage und Sonntage sind produktiv, machen Spaß und bringen Entspannung. Warum? Weil es weniger Anrufe gibt und weniger zeitliche Anforderungen. In meiner Fantasie sehen meine Dienstage eines Tages wie meine Samstage aus. Ich tue, was ich will, bleibe bei den von mir gewünschten Ritualen und lasse mich überhaupt nicht von irgendwelchem Lärm um mich herum ablenken. Ich versuche, die Samstage als Chance zu betrachten, Dinge nachzuholen, die ich nachholen möchte. Ich versuche, mir nicht irgendeinen Mist von unter der Woche aufzuhalsen. Ich verbringe am Wochenende recht viel Zeit damit, auf meiner Farm zu arbeiten. Aber diese Arbeit macht Spaß und bei dieser Art von Arbeit vergesse ich für Stunden, auf mein Handy zu schauen. Sie ist auch unbezahlt … oder eigentlich bezahle ich dafür, das tun zu können, aber es macht Spaß.

GEOFF COLVIN

Leitender Redakteur des Magazins *Fortune*

Wenn die Vorstellung eines Frühstücks ohne japanischen Reiskocher ein Schaudern hervorruft.

Wie sieht Ihr Morgen-Ritual aus?
Wenn ich nicht auf Reisen bin, stehe ich im Allgemeinen zwischen sechs Uhr und halb sieben auf. Ich trinke drei Glas Wasser, normalerweise innerhalb von 60 Sekunden nach dem Aufstehen. Das wirkt erstaunlich gut, um den Körper und den Geist zu wecken. Ich absolviere ein kurzes Gymnastikprogramm, dann laufe ich acht Kilometer (sechs Tage pro Woche). Danach frühstücke ich, dusche, rasiere mich, ziehe mich an und fange an zu arbeiten. Der größte Teil meiner Arbeit besteht aus Schreiben, was ich von zu Hause aus mache, das erspart mir das Pendeln.

Wie lange pflegen Sie dieses Ritual schon? Was hat sich geändert?
Ich befolge dieses einfache Ritual seit zehn oder 15 Jahren. Die einzigen Veränderungen waren kleine Verbesserungen meines notorisch reglementierten Frühstücks.

Um wie viel Uhr gehen Sie schlafen?

Im Allgemeinen zwischen 21:00 und 21:30 Uhr, also bekomme ich etwa neun Stunden Schlaf. Das ist eine Menge. Ich bin ein großer Befürworter von ausgiebigem Schlaf. Lassen Sie mich bloß nicht davon anfangen ...

Was tun Sie, um sich schon abends auf den Morgen vorzubereiten?

Ich lese immer etwas, das absolut nichts mit der Arbeit zu tun hat, was das Einschlafen erleichtert. Außerdem trinke ich nicht. Ich war nie ein großer Trinker (zwei Gläser Wein zum Abendessen), aber vor etwa acht Jahren wurde mir klar, dass ich mich besser fühle, wenn ich überhaupt keinen Alkohol zu mir nehme. Ich habe damit nicht aufgehört, um mir den Morgen zu erleichtern, aber es macht schon einen Unterschied.

Wie sieht Ihr Frühstück aus?

Sechs Tage in der Woche besteht mein Frühstück aus einer Kombination von Haferflocken, fettarmer Milch, frischem Obst, Trockenfrüchten, Walnüssen und etwas Tee. Sonntags mache ich Buchweizen- und Maismehlpfannkuchen, die ich mit frischem Obst und fettarmem griechischem Joghurt bestreiche.

An meinen sechs Haferfrühstückstagen wechsele ich normalerweise zwischen vier Varianten, die alle mit Magermilch (nicht mit Wasser) gekocht werden: weiche Haferflocken, Haferschrot, kernige Haferflocken und eine Mischung aus Haferkleie und Wheatena (ein ballaststoffreiches, geröstetes Weizenmüsli). Jede dieser Variationen wird in meinem japanischen Reiskocher gekocht, während ich laufen gehe. Es lässt mich schaudern, wenn ich mir das Leben ohne meinen japanischen Reiskocher vorstelle.

Was sind Ihre wichtigsten Aufgaben am Morgen?
Ich bin ein großer Anhänger von To-do-Listen, also stelle ich jeden Morgen eine Liste zusammen und schaue dann, was die wichtigsten Dinge sind. Dann zwinge ich mich, diese zuerst zu erledigen, was meistens schwer ist.

Was tun Sie, wenn etwas dazwischenkommt?
Ich mache einfach weiter, und wenn ich mein Ritual mal einen Tag nicht mache, ist das kein Problem. Bei zwei Tagen fühle ich mich schon etwas träge. In den seltenen Fällen, in denen ich es drei Tage hintereinander nicht machen konnte, fühle ich mich schwer, langsam und unglücklich.

Gibt es irgendetwas, was Sie noch erwähnen möchten?
Ich möchte nur betonen, dass ich dieses Ritual liebe. Es ist keine unangenehme Pflicht. Natürlich hat es alle möglichen gesundheitlichen Vorteile, aber darüber denke ich nicht groß nach. Ich liebe das Gefühl des Laufens (besonders im Freien), ich liebe mein Frühstück, und ich fühle mich den ganzen Tag großartig. Natürlich muss niemand meinem Ritual folgen, aber ich denke, jeder sollte ein Ritual finden, das er liebt.

SHEENA BRADY

Geschäftsführerin von Tease Tea, Verkaufsleiterin bei Shopify

Zwei Jobs gleichzeitig, aber Multitasking möglichst vermeiden.

Wie sieht Ihr Morgen-Ritual aus?
Ich versuche, jeden Tag um sechs Uhr morgens aufzustehen, denn es dauert ungefähr eine Stunde, bis ich geistig und körperlich so weit bin, um mich an die Arbeit zu machen. Um meine

eigene Firma Tease Tea kümmere ich mich zwischen sieben und elf Uhr, und um mein Team bei Shopify, das ich leite, von elf bis 19 Uhr. Normalerweise sehen meine Vormittage in etwa so aus:

6:00 Uhr — Aufwachen, die Hunde nach draußen lassen und Kaffee aufsetzen. Während der Kaffee durchläuft, dehne ich mich ein paar Minuten. Dann putze ich die Zähne, dusche, ziehe mich an und meditiere für zehn bis 20 Minuten.

7:00 Uhr — Schaue in meinen Kalender für den jeweiligen Tag, mache Zeitpläne und blocke bestimmte Zeiten für alle Vorhaben und Aufgaben. Dann beginne ich zu arbeiten und bemühe mich, Multitasking zu vermeiden und mich stattdessen an die Zeitblöcke zu halten.

9:30 Uhr — Fahre ins Büro von Tease Tea, wo auch alle Aufträge abgewickelt werden. Ich spreche mit meiner Schwester, die einen Teilzeitjob in der Firma hat. Ich vergewissere mich, dass sie alles hat, was sie benötigt, um an diesem Tag erfolgreich zu sein. Dann verbinde ich mich online mit dem Manager fürs digitale Marketing und die Community sowie mit dem Manager für die Auftragsabwicklung und den Betrieb, der nicht im Büro selbst arbeitet. Wir sprechen über die Tagesziele, über Hürden und Herausforderungen und darüber, was wir tun können, um uns gegenseitig zu unterstützen und Hindernisse auszuräumen, um bestimmte Ziele zu erreichen.

10:30 Uhr — Erledige alles, was noch auf meiner To-do-Liste aussteht. Meistens sind das zu diesem Zeitpunkt E-Mails. Was ich bis elf Uhr noch nicht geschafft habe, nehme ich mir am Abend oder am nächsten Morgen vor.

11:00 Uhr — Beginne meinen Tag bei Shopify. Ich schaue, ob es irgendetwas Dringendes oder Akutes gibt, was meine Aufmerksamkeit erfordert, dann durchforste ich meinen Posteingang und markiere alles, was von Belang ist.

Von Kontextwechsel und Multitasking

Wenn wir von Multitasking sprechen, meinen wir häufig Kontextwechsel, was das Phänomen beschreibt, eine E-Mail zu öffnen und »nur« mal zwei Minuten darauf zu schauen, bevor wir zu unserer ursprünglichen Aufgabe zurückkehren. Kontextwechsel ist grundsätzlich schlecht für uns – jedes Mal. Wenn wir zwischen unserer Arbeit und dem Lesen eines Online-Artikels wechseln oder einen Artikel online lesen und dazwischen unser Handy checken, verlangt uns dies »Transaktionskosten« ab, die uns Energie rauben und uns ausbremsen.

Multitasking bedeutet, zwei oder mehr Aufgaben gleichzeitig zu erledigen, mit unterschiedlichem Erfolg. Während die meisten Versuche des Multitasking scheitern (wie jeder weiß, der einmal versucht hat, Lebensmittel online zu bestellen, während bei der Telefonkonferenz die Ich-bin-ganz-Ohr-Präsenz vorgetäuscht wird), können bestimmte Aktivitäten kombiniert werden, wie zum Beispiel das Radeln zur Arbeit (man kommt am Ziel an und hat gleichzeitig trainiert) oder, wenn man es sicher hinbekommt, das Anhören eines Hörbuchs beim Autofahren.

Ich führe ein achtköpfiges Team, das weit verstreut zwischen British Columbia und Neuseeland sitzt, daher gehen sie zu verschiedenen Zeiten online. Ich nehme dann an allen wichtigen Meetings von meinem Tageskalender teil, inklusive Besprechungen mit jedem einzelnen Teammitglied.

Wie lange pflegen Sie dieses Ritual schon? Was hat sich geändert?
Fast ein Jahr bereits, auch wenn sich das gelegentlich in einigen Bereichen verändert. Ich habe gelernt, realistisch zu sein und

mir morgens genügend Zeit zu lassen, auch wenn ich die ersten paar Stunden zu Hause arbeite. Mir selbst eine komplette Stunde zu geben, um morgens richtig aufzuwachen und das zu tun, was ich persönlich tun möchte, bevor ich mit der Arbeit beginne, hat sich für meine Produktivität als unglaublich förderlich erwiesen.

GREGG CAREY

Unternehmer, Kandidat bei der Reality-Show *Survivor*

Wenn Sie auf einer einsamen Insel einen Zyklon überstehen und dadurch Dankbarkeit für die einfachen Dinge empfinden.

Wie sieht Ihr Morgen-Ritual aus?
Mein Morgen-Ritual ist ganzheitlich und hat vier grundlegende Elemente. Sie variieren vielleicht im Detail, aber die Elemente bleiben konstant und sind entscheidend für mein Glück. Hier sind sie:

- Energie: etwas essen und trinken.
- Körper: Sport treiben (normalerweise sehr intensiv).
- Geist: Klavier spielen, meditieren.
- Seele: mit einem Ziel verbinden, dankbar sein, die Katzen füttern, meine Frau küssen.

Idealerweise wache ich gegen halb sieben Uhr morgens auf. Ein besonderes Kompliment gebührt Rufus, meinem Kater, dem es beachtenswert gut gelingt, mich täglich um dieselbe Zeit zu wecken. Mein Ritual kann von 30 Minuten bis zu zwei Stunden dauern. Grundsätzlich ist es mein Ziel, die folgende Frage immer mit einem Ja beantworten zu können: Wenn der Tag nach dem Morgen-Ritual schon beendet wäre, wäre es dann ein erfolgreicher und erfüllender Tag gewesen?

Wie lange pflegen Sie dieses Ritual schon? Was hat sich geändert?

Die größte Veränderung bestand darin, das Klavier hinzuzunehmen. Ich habe Musik immer geliebt, aber nie selbst ein Instrument gespielt. Lange bin ich davon ausgegangen, dass das ein »Bedauern« bleiben würde, mit dem ich klarkommen müsste. Dann habe ich vor etwa zwei Jahren angefangen, bei einem Jazzpianisten Klavierunterricht zu nehmen.

Die täglichen Vorteile, die mir das Klavier bietet, sind 1) Meditation: Man kann nicht lernen, ohne ganz präsent zu sein. Und 2) die Entwicklung der eigenen Fähigkeiten, denn ich kann jeden Tag sagen: »Ich kann nun etwas, was ich gestern noch nicht konnte.«

Um wie viel Uhr gehen Sie schlafen?

Üblicherweise gehe ich zwischen 23 Uhr und Mitternacht zu Bett. In letzter Zeit habe ich meinen Schlaf dem Ritual vorgezogen. Ich habe erkannt, dass längerer Schlaf immer das Beste ist, was ich für mich selbst tun kann. An diesen Tagen passe ich mein Ritual dementsprechend an. Ich behalte die Elemente bei, wende aber weniger Zeit für sie auf.

Was tun Sie, um sich schon abends auf den Morgen vorzubereiten?

Normalerweise trinke ich mit meiner Frau noch eine Tasse Tee vor dem Zubettgehen. Ihr Abend-Ritual ist für Sie genauso wichtig wie meine Morgen-Ritual, weswegen ich versuche, sie zu unterstützen, auch wenn ich überall und jederzeit wahnsinnig leicht einschlafen kann. Wenn ich gut in Form bin, reflektiere ich abends, welche Fortschritte ich am Tag gemacht habe, und setze mir ganz präzise Ziele für den nächsten Tag. Wenn ich in absoluter Höchstform bin, setze ich Benjamin Franklins 13 Lebensregeln um.

Haben Sie morgens ein bestimmtes Trainingsprogramm?
Ich bin ein Fan von hochintensivem Training. Ich habe mich im CrossFit ausgetobt, das hat mir wirklich Spaß gemacht. Ich bin auch immer ausgiebig laufen gegangen, als ich für einen Marathon trainiert habe. Ein 16-Kilometer-Lauf im Sommer mit einer anschließenden kalten Dusche ist zehn Mal so gut wie eine Tasse Kaffee.

Was sind Ihre wichtigsten Aufgaben am Morgen?
Meiner Frau zu sagen, dass ich sie liebe. Das ist keine Aufgabe, aber es ist mir wichtig.

Behalten Sie Ihr Ritual auch an den Wochenenden bei?
Ich folge diesem Ritual an Samstagen, aber normalerweise nehme ich mir am Sonntag einen Tag frei und lasse den Tag einfach beginnen und sich natürlich entwickeln. Ich finde es extrem wichtig, auch mal vom Plan abzuweichen und abzuschalten.

Mein Wochenende profitiert von einem ausgeprägten Ritual am Samstagmorgen. Wenn ich spürbaren Fortschritt in meinem Plan für die kommende Woche verzeichnen kann und ein gutes Training absolviere, fühle ich mich viel freier, um die vor mir liegenden eineinhalb Wochenendtage wirklich zu genießen. Ein starker Samstag ist der Schlüssel für ein entspanntes Wochenende und hilft auch, einen möglichen Sonntagsblues abzuschwächen!

Benjamin Franklins 13 Lebensregeln

Auf der Suche nach »moralischer Perfektion« stellte Benjamin Franklin als junger Mann eine Liste von 13 Tugenden oder Lebensregeln auf, die er für erstrebenswert hielt, und er versuchte, sich in jeder von ihnen zu schulen. (Franklins Biograf Walter Isaacson weist darauf hin, dass die ursprüngliche Liste nur zwölf Tugenden umfasste. Nachdem er die Liste gesehen hatte, teilte ein Quäker-Freund Franklin mit, dass er etwas vergessen habe, dessen sich Franklin oft schuldig gemacht habe: Stolz. Franklin fügte als 13. Tugend Demut hinzu, ein konsequenter Schritt, der dem Sinn des Begriffs entsprach.)

Franklin arbeitete zunächst jeweils an einer Tugend, während er die anderen im Hinterkopf behielt, und erstellte eine Tabelle mit der jeweiligen Tugend neben den Wochentagen. Jedes Mal, wenn er gegen eine Tugend verstoßen hatte, setzte er einen Punkt an die entsprechende Stelle in seiner Tabelle. Sein Ziel war, am Ende der Woche so wenige Punkte wie möglich erhalten zu haben. Auch wenn es Franklin wahrscheinlich nie gelungen ist, das Blatt ganz leer zu halten, war doch bereits das Streben danach für ihn in den späten 1720er-Jahren vorteilhaft – so wie auch Sie noch heute davon profitieren können. Franklins 13 Lebensregeln sind:

1. Mäßigung: Iss nicht bis zur Benommenheit. Trink dir keinen Rausch an.
2. Schweigsamkeit: Rede nur, wenn es anderen oder dir von Nutzen ist. Vermeide jedes Geschwätz.
3. Ordnung: Jedes Ding gehört an seinen Platz. Jeder geschäftliche Schritt braucht seine Zeit.
4. Entschlossenheit: Fasse einen klaren Entschluss. Führe auf alle Fälle das aus, was du beschlossen hast.

5. Sparsamkeit: Sei nicht verschwenderisch. Beschränke deine Ausgaben auf Sachen, die anderen oder dir nutzen.

6. Fleiß: Verschwende keine Zeit. Sei stets mit etwas Sinnvollem beschäftigt. Unternimm nichts Unnötiges.

7. Aufrichtigkeit: Täusche andere nicht absichtlich. Sei gerecht und unschuldig in deinem Denken und rede dementsprechend.

8. Gerechtigkeit: Schade niemandem, indem du ihm Unrecht tust oder die Wohltaten unterlässt, zu denen du verpflichtet bist.

9. Selbstbeherrschung: Vermeide Extreme. Ärgere dich nicht übermäßig, auch wenn du dich verletzt fühlst.

10. Reinlichkeit: Halte Körper, Kleidung und Wohnung sauber.

11. Gleichmut: Lass dich nicht durch Kleinigkeiten oder unvermeidliche Geschehnisse aus der Fassung bringen.

12. Keuschheit: Habe nur so viel Geschlechtsverkehr, wie für dein Wohlbefinden oder zur Zeugung von Nachkommenschaft nötig ist, aber nie bis zum Überdruss oder zur Schwächung und nie zur Schädigung deines eigenen oder eines anderen Seelenfriedens oder guten Rufs.

13. Demut: Nimm dir Jesus und Sokrates zum Vorbild.

Sie haben bei der Reality-Fernsehserie *Survivor: Palau* mitgemacht. Wie hat Ihr Morgen-Ritual auf der Insel ausgesehen?

Survivor war eine Erfahrung, die mich Demut gelehrt hat und mir gezeigt hat, wie dankbar wir für viele Dinge sein sollten, die wir als selbstverständlich erachten. Das war eine tiefgreifende Erfahrung da draußen. Ich habe in 33 Tagen gut 15 Kilo abgenommen. Ich habe relativ schutzlos einen nächtlichen Zyklon überstanden. Das lässt dich wirklich die Bedeutung des Lebens wertschätzen und gleichzeitig erkennen, dass wir zu mehr fähig sind, als wir denken.

Wir begannen und beendeten den Tag mit der Sonne. Jeder Sonnenaufgang und Sonnenuntergang war ein so großartiges Farbspektakel am Himmel, dass man nicht anders konnte, als ganz still zu werden und die Schönheit zu bewundern. Das bot auch die Gelegenheit, dankbar zu sein und Frieden inmitten des Chaos zu finden. Jegliche Strategie und »Spielsituation« war mit einem Mal vergessen und wir genossen einfach das Leben. Und wir waren dankbar für die grundsätzlichen Dinge: unsere Familien, unser Essen und ein Dach über dem Kopf.

MARIA KONNIKOVA

Journalistin für den *New Yorker*, Autorin von *Täuschend echt und glatt gelogen: Die Kunst des Betrugs*

Wenn der Tag so sehr im Chaos zu versinken droht, dass es nur in den Morgenstunden gelingt, ein wenig Ordnung zu schaffen.

Wie sieht Ihr Morgen-Ritual aus?
Ich war eigentlich überhaupt kein Frühaufsteher, bis ich vor knapp zehn Jahren mit meinem Ehemann zusammengezogen bin. Seitdem musste ich mir das angewöhnen, denn mein Mann beginnt sehr früh zu arbeiten.

Normalerweise stehe ich gegen sechs Uhr auf und mache mir als Erstes einen Tee (weil ich das Koffein brauche). Damit ich richtig wach werde, mache ich noch ein paar Yogaübungen, etwa den Sonnengruß. Danach frühstücke ich, gehe duschen und widme mich dann dem restlichen Vormittag. Gewöhnlich checke ich zuerst die E-Mails, um sicherzugehen, dass nichts anbrennt, bevor ich mit dem Schreiben beginne.

Wie lange pflegen Sie dieses Ritual schon? Was hat sich geändert?

Innerhalb dieser zehn Jahre habe ich dann irgendwann zusätzlich mit Meditation begonnen. Ich habe früher überhaupt nicht sehr ernsthaft meditiert und meditiere eigentlich noch immer nicht ernsthaft verglichen mit den Menschen, die dies wirklich intensiv tun.

Meditation ist eine großartige Möglichkeit, seine Gedanken zu ordnen. Ich empfehle sie jedem, der klarer denken und sich besser konzentrieren möchte. Am Ende meiner Yogaübung setze ich mich für 20 bis 30 Minuten hin (gerne auch länger, wenn ich es mir leisten kann, was aber meist nicht der Fall ist) und versuche wirklich, mich ganz darauf einzulassen. Manchmal lockere ich das noch auf, indem ich anschließend joggen gehe.

Ich bin jemand, der im Allgemeinen kein bisschen strukturiert ist. Mein Schreibtisch ist ein einziges Chaos und mein Schreiben ebenso. Wenn mich Leute fragen: »Wie gehst du ans Schreiben heran?«, antworte ich fast immer: »Es wird alles auf den Bildschirm geknallt und dann schau ich mal, was passiert«, und so schreibe ich wirklich. In meinem Kopf herrscht keine Ordnung und der Rest meines Tages ist ebenso wenig strukturiert. Der Vormittag ist für mich der Moment, an dem ich sagen kann: »Du hast ein paar Dinge erledigt.« Dann kann ich mit dem Gedanken in den Tag starten, dass ich mich zumindest um irgendetwas gekümmert habe. Wenigstens morgens habe ich ein Minimum an Struktur.

Was tun Sie, um sich schon abends auf den Morgen vorzubereiten?

Eine Sache, die ich mache, und es ist echt lustig, dass ich sie erwähne, weil ich das Ganze nie nutze, ist die: Ich habe einen Planer und mache mir darin Notizen, weil ich nicht will, dass mein Gehirn sich daran erinnern muss, dass ich bestimmte

Aufgaben am nächsten Tag zu erledigen habe. Ich schreibe alles auf, um es aus meinem Kopf zu bekommen, und dann schaue ich es mir oft nicht mehr an.

Wie viel Zeit vergeht zwischen dem Aufwachen und dem Frühstück?
Ich frühstücke normalerweise etwas mehr als eine Stunde, nachdem ich aufgewacht bin. Ich esse eigentlich immer dasselbe, selbst wenn ich auf Reisen bin. Ich gehöre zu den Menschen, die bei einem Radiointerview auf die Frage nach ihrem Frühstück immer dieselbe Antwort geben würden: Haferflocken mit Honig und Blaubeeren.

Benutzen Sie irgendwelche Apps oder Hilfsmittel, um Ihr Morgen-Ritual zu verbessern?
Nein. Ich glaube schon, dass einige Dinge für manche Menschen hilfreich sein können, aber viele davon sind ehrlich gesagt der reinste Mist. Wir brauchen eher weniger Dinge, die uns im Leben nerven, nicht mehr. Ich möchte mir keine unnötigen Gedanken machen und mir womöglich vorwerfen müssen, nicht rechtzeitig aufgestanden zu sein, nur weil eine App das so beurteilt.

Was sind Ihre wichtigsten Aufgaben am Morgen?
Ich bin jemand, der immer an verschiedenen Projekten gleichzeitig arbeitet, und ich springe häufig von einem zum anderen, also versuche ich, festzulegen, welchen Schwerpunkt ich an einem bestimmten Tag setzen will, was genau ich tun möchte, und versuche, mir das genau im Kopf zurechtzulegen. Aber ich bin über den Tag nicht sehr gut organisiert, doch ich nehme es mir nicht übel, wenn ich beispielsweise eine Sache erledigen will, dann aber stattdessen etwas anderes mache, weil ich festgestellt habe, dass man nicht vorhersehen kann, wie das Gehirn

an einem bestimmten Tag arbeitet, und das muss man irgendwie akzeptieren.

Möchten Sie noch etwas hinzufügen?
Ich glaube nicht, dass es das eine perfekte Ritual gibt, das für jeden geeignet ist. Es sollte jeder selbst herausfinden, was zu ihm oder ihr passt. Ich hasse es, wenn Leute Listen schreiben wie: »Das hier sind die Gewohnheiten kreativer Menschen, und wenn Sie sich daran halten, werden auch Sie kreativ sein.« Es ist zwar interessant, was andere Leute tun, aber letztendlich gibt es keine Sache, die für jeden zutrifft.

SHANE PARRISH

Gründer von Farnam Street

Wenn man sich gegen Apps zur Wehr setzt, die vorschreiben, was zu tun ist, und stattdessen lieber bei einfachen Planungen alter Schule und Selbstdisziplin bleibt.

Wie sieht Ihr Morgen-Ritual aus?
Die Morgenstunden sind meine produktivste Tageszeit. Im Laufe der Jahre habe ich meinen Zeitplan entsprechend angepasst, sodass ich die wichtigsten Arbeiten morgens erledigen kann.

Das Energielevel und unsere Konzentrationsfähigkeit schwanken im Laufe des Tages. Bei den meisten Menschen ist die Konzentrationsfähigkeit früh am Tag am höchsten – bevor Ablenkungen und Lärm die mentale Willenskraft schwächen. Ich diktiere mir mein Morgen-Ritual, bevor ich am Vorabend zu Bett gehe. Ich notiere mir dann zwei bis drei wichtige Projekte, auf die ich mich am nächsten Tag konzentrieren will.

Ich wache etwa zwischen sechs und halb sieben Uhr auf,

schnappe mir einen Kaffee und mache mich an die Arbeit für diese Projekte. Ich gebe mir 60 bis 90 Minuten Zeit, um ununterbrochen und hochkonzentriert zu arbeiten – in dieser Zeit des sogenannten »deep work« (Konzentriert arbeiten, das Konzept von deep work ist auf den Seiten 81/168 beschrieben). kann ich schwierige Probleme in Angriff nehmen. Dann mache ich eine Pause, trinke noch einen Kaffee und frühstücke, wobei ich mir Ideen aufschreibe, die mir in den Sinn kommen und die ich wieder aufgreifen oder zu denen ich noch etwas recherchieren möchte. Danach arbeite ich weitere 60 bis 90 Minuten an schwierigen Aufgaben und Projekten.

Beantworten Sie morgens als Erstes Ihre E-Mails?
Nein. Das habe ich mir bewusst abgewöhnt. Wenn ich gleich nach dem Aufstehen als Erstes meine E-Mails checke, überlasse ich es anderen, die Prioritäten für den Tag zu setzen. Die wichtigen Projekte, auf die ich mich konzentrieren wollte, werden dann zurückgestellt und ich verwende meine wertvollste geistige Energie darauf, E-Mails zu beantworten, die gut und gerne noch ein paar Stunden hätten warten können.

Was tun Sie, um sich schon abends auf den Morgen vorzubereiten?
Ich stelle für den nächsten Tag meinen Zeitplan zusammen. Durch genaues Planen behalte ich den Überblick, und das erlaubt es mir, meine Zeit bewusst einzusetzen.

Wie viel Zeit vergeht zwischen dem Aufwachen und dem Frühstück?
Ich bin eigentlich viel früher geistig fit als körperlich wach. Erst wenn ich Kaffee getrunken habe und ein guter Batzen meiner Arbeit erledigt ist, setze ich mich zum Frühstück hin. Das ist normalerweise fett und proteinreich. Ich liebe Bacon.

Benutzen Sie irgendwelche Apps oder Hilfsmittel, um Ihr Morgen-Ritual zu verbessern?

Ich bin kein Freund von Versuchen, mit Apps und Softwareprogrammen ganz gewöhnliche Probleme im Leben zu lösen. Mit einfachem Planen alter Schule und etwas Selbstdisziplin schafft man das ebenso gut. Wenn einem die nötige Disziplin fehlt, dann hilft auch keine App.

Das ist nur meine eigene Meinung. Es gibt heutzutage ein gewisses Maß an Technologiehörigkeit, das sich eingeschlichen hat. Wie zum Teufel hat Isaac Asimov 500 Bücher schreiben können ohne jegliche App? Er hat ein Ritual entwickelt und sich daran gehalten. Die Gewohnheiten werden mit der Zeit bequem und ein Teil von einem.

Was tun Sie, wenn etwas dazwischenkommt?

Ich versuche es am nächsten Tag noch einmal. Man sollte es sich nicht zur Gewohnheit machen, in Alles-oder-nichts-Kategorien zu denken – sondern nur schnell wieder den richtigen Weg einschlagen.

TODD HENRY

Autor von *The Accidental Creative*

Wenn die kreativste Arbeit in Angriff genommen wird und Stille der bevorzugte Soundtrack ist.

Wie sieht Ihr Morgen-Ritual aus?

An Wochentagen wache ich Punkt sechs Uhr morgens auf. Ich schenke mir den frisch aufgebrühten Kaffee ein (die Maschine habe ich am Vorabend eingestellt) und nehme dann jeden Tag dasselbe Frühstück (Haferflocken mit gefrorenen Blaubeeren und einer Handvoll Cashewkernen) in meinem Arbeitszimmer zu mir, während ich etwas lese. Die erste Stunde am Morgen verbringe ich mit Lesen und Schreiben. Ich sitze an meinem Schreibtisch (oder auf dem Sofa in meinem Büro) und lese ein Buch mit einem Stift in der Hand, um mir Notizen zu machen und Beobachtungen zur späteren kritischen Betrachtung in meinem Notizbuch festzuhalten. Danach verbleibe ich 15 bis 20 Minuten in Stille – meditierend oder darüber nachdenkend, wie sich das gerade Gelesene auf mein Leben und meine Arbeit auswirken kann. Manchmal schreibe ich in dieser Zeit auch Tagebuch.

Wie lange pflegen Sie dieses Ritual schon? Was hat sich geändert?

Seit 14 Jahren. Früher habe ich versucht, alles Mögliche in mein Morgen-Ritual hineinzupacken, habe aber festgestellt, dass es mir besser geht, wenn ich erst einmal eine Stunde oder so habe, in der ich lese und nachdenke. Das regt meinen Geist an und hilft mir, meinen Tag aus einem neuen Blickwinkel heraus zu betrachten. Nun führe ich eine Liste mit Dingen, die ich jeden Tag angehen will, auch wenn ich einige erst später am Vormittag oder mittags erledige, sodass meine Morgenstunden nicht in Hektik ausarten.

Was tun Sie, um sich schon abends auf den Morgen vorzubereiten?

Ich habe ein Arbeitsblatt, mit dem ich meinen Tag plane und gestalte. Darauf ist Platz genug, um meine Gedanken und Erkenntnisse, meine wichtigsten Aufgaben und meine täglichen Ziele aufzuschreiben. Ich notiere dort auch täglich, was gut oder schlecht gelaufen ist und was ich noch verbessern kann. Jeden Abend setze ich mich hin und plane den nächsten Tag, sodass ich genau weiß, was ich tun werde, wenn ich mit meiner Arbeit beginne.

Was sind Ihre wichtigsten Aufgaben am Morgen?
Ich schreibe jeden Morgen. Jeden. Einzelnen. Morgen. Ich bin ein überzeugter Anhänger davon, dass man mit seiner wichtigsten kreativen Arbeit zuallererst beginnen sollte.

Wie halten Sie es auf Reisen?
Wenn ich verreise, ändert sich mein Morgen-Ritual immer wieder. Meistens halte ich Reden bei Veranstaltungen und dann treffe ich alle für mich nötigen Vorbereitungen, um sicherzugehen, dass die Veranstaltung erfolgreich wird. Das bedeutet häufig, dass ich meinem Körper etwas mehr Zeit geben muss, um sich zu erholen, oder einen Spaziergang mache, um meinen Kreislauf in Schwung zu bringen.

BILL MCNABB

Vorsitzender des Finanzdienstleisters Vanguard Group

Wenn man bereit ist, alles zu opfern, um genug Schlaf zu bekommen.

Wie sieht Ihr Morgen-Ritual aus?
Ich stehe zwischen fünf Uhr und Viertel nach fünf Uhr morgens auf. Ich hole mir auf dem Weg zu meiner Arbeit einen Kaffee und bin zwischen Viertel vor und Viertel nach sechs am Schreibtisch. An den meisten Tagen nutze ich die Zeit am Schreibtisch, um kurz die neuesten Nachrichten zu überfliegen, bevor ich E-Mails beantworte, besonders von den Kollegen aus Europa und Asien. Die ersten Meetings beginnen um acht Uhr und mein Zeitplan für den restlichen Morgen ist ganz schön voll.

Wie lange pflegen Sie dieses Ritual schon? Was hat sich geändert?

Mein Ritual hat sich im Verlauf von 30 Jahren um gerade mal 30 Minuten verlängert. Als ich im Jahr 2008 Geschäftsführer von Vanguard wurde (diese Stellung hatte ich bis Anfang 2018 inne), fing ich an, ein wenig früher ins Büro zu kommen, damit ich morgens etwas mehr Zeit zur Vorbereitung hatte. Darüber hinaus hat sich nicht viel verändert, seit ich mich 1986 dem Unternehmen angeschlossen habe.

Um wie viel Uhr gehen Sie schlafen?

Meistens zwischen 21 und 22 Uhr.

Was tun Sie, um sich schon abends auf den Morgen vorzubereiten?

Ich versuche, sicherzustellen, dass ich alle E-Mails abgearbeitet habe, sodass ich am Morgen gut starten kann. Ich lese auch abends noch etwas, was nichts mit der Arbeit zu tun hat, um mich zu entspannen.

Haben Sie morgens ein bestimmtes Trainingsprogramm?

Das Bemühen um körperliche Fitness ist ein wichtiger Bestandteil meines Tagesplans, und ich versuche, drei- bis viermal die Woche mittags ein Workout einzubauen. Wenn Meetings oder Reisen das erschweren, steige ich stattdessen auf eine morgendliche Workout-Session um. Wenn ich unterwegs bin, habe ich immer ein TRX-Set und ein Springseil dabei, damit ich schon trainieren kann, bevor der Arbeitstag beginnt. Wenn es ein Fitnessstudio mit voller Cardio-Ausstattung gibt, springe ich auch schon mal auf die Rudermaschine.

Was sind Ihre wichtigsten Aufgaben am Morgen?

In der ruhigen Zeit zwischen sechs Uhr und halb acht kann ich am besten arbeiten. Das ist die Zeit, um zu lesen, nachzudenken und mich auf den vor mir liegenden Tag vorzubereiten. Ich versuche wirklich mein Möglichstes, um diesen Zeitraum für mich zu bewahren.

Was tun Sie, wenn etwas dazwischenkommt?

Ganz einfach, das ist dann absoluter Mist. Wenn es mir nicht gelingt, mein Morgen-Ritual beizubehalten, liegt das normalerweise am Schlafmangel. Wenn ich spät nachts ins Bett komme, bedeutet das häufig, dass ich verschlafe und direkt zu den Meetings ins Büro komme. Das löst einen Dominoeffekt aus, bei dem meine morgendliche Ruhezeit auf den Mittag geschoben wird und mein Workout erst gar nicht stattfindet.

Es ist tatsächlich so, dass ich alles für die erforderliche Menge Schlaf opfere, sogar mein Morgen-Ritual.

MATTHEW WEATHERLEY-WHITE

Mitbegründer und Geschäftsführer der Caprock Group

Wenn Sie erkennen, dass Sie wesentlich produktiver sind, wenn Sie sich nicht im Kampf-oder-Flucht-Modus befinden.

Wie sieht Ihr Morgen-Ritual aus?

Ich bin in der glücklichen Lage, ohne Wecker aufwachen zu können, deswegen starte ich morgens nie zur gleichen Zeit in den Tag. Wenn ich einen Zauberstab schwingen könnte, um jedem auf dieser Welt ein Geschenk zu machen, wäre es die

Möglichkeit, ohne dieses unaufhörliche, nervende Piepen wach zu werden. Es gibt nichts Besseres, als einfach die Augen zu öffnen, wenn sie sich von ganz allein öffnen, um die Welt rundum eigentlich ziemlich in Ordnung vorzufinden.

Ich bin definitiv ein Morgenmensch. Wenn ich mir selbst überlassen bin, schlafe ich selten länger als bis halb sieben Uhr und bin regelmäßig schon viel früher wach. Ich wache schnell auf. Langsame, gemächliche Vormittage sind nicht mein Ding; wenn ich einmal aufgestanden bin, bin ich voll da.

Während das Wasser kocht, gehe ich in meinem Kopf schon einmal den Tag durch, checke meinen Kalender und überfliege die E-Mails und Textnachrichten, um zu schauen, ob etwas Wichtiges angefallen ist, seitdem ich zu Bett gegangen bin. Dann mache ich Tee oder Kaffee, esse etwas und widme mich dann von acht Uhr morgens bis mittags einem vierstündigen Block, den ich »white space« nenne, der jeden Wochentag in meinem Kalender reserviert ist und über den nur ich verfügen darf. Schreiben, Geschäftspläne, Vorstandssitzungen, Training, was auch immer. Auf diese Weise verschaffe ich mir das Gefühl, bestimmte Ziele zu verfolgen und darüber selbst die Kontrolle zu haben, während sonst eine Arbeitsatmosphäre herrscht, in der man in erster Linie reagieren muss. So kann ich die Morgenstunden strukturieren, ohne dass diese Struktur mir aufgezwungen wird.

Was tun Sie, um sich schon abends auf den Morgen vorzubereiten?
Das Einzige, was ich tue, bevor ich schlafen gehe (und das nicht jeden Abend), ist, eine kurze Liste aufzusetzen, was ich irgendwann in der Zukunft noch erreichen möchte. Ich schaue mir diese Liste aber nicht regelmäßig an, wenn ich am nächsten Morgen aufwache.

Haben Sie morgens ein bestimmtes Trainingsprogramm?
Mein Morgen-Ritual beinhaltet fast immer sportliche Betätigung und ich bin ein Allrounder in puncto Aktivitäten. Laufen, jede Art von Zweiradfahren, Skifahren, Yoga, Klettern, Training mit Gewichten, Rudern oder Surfen – irgendwie finde ich alles gut, wirklich, es hängt allein von den Gegebenheiten ab.

Sportliche Betätigung ist meine Meditation, meine Erdung. Für mich ist das auch kein »working out«, sondern vielmehr ein »working in«, ein Weg, um zur Ruhe, Konzentration und Energie zu kommen, für alles, was mich erwartet.

Benutzen Sie irgendwelche Apps oder Hilfsmittel, um Ihr Morgen-Ritual zu verbessern?
Nein. Tatsächlich tue ich alles, was ich kann, um den Einfluss der Technik auf meine Morgenstunden zu reduzieren. Das Letzte, was ich will, ist noch mehr Technologie, auch wenn ich sonst in meinem Leben von den Vorteilen des technologischen Fortschritts profitiere.

Was sind Ihre wichtigsten Aufgaben am Morgen?
Lustig, ich habe das nie als Aufgabe betrachtet, aber das Wichtigste an jedem Morgen ist, die Ruhe zu bewahren, damit ich mich nicht vom Stress überwältigen lasse. Ab und zu habe ich das Gefühl, einem Wahnsinnsdruck ausgeliefert zu sein – ein Gefühl der inneren Panik, dass die Liste der zu erledigenden Dinge immer länger wird, egal wie sehr ich mich bemühe, dieses Gefühl zu kontrollieren. Aber ich habe vor langer Zeit gelernt (auch wenn ich das gelegentlich vergesse!), dass dieses Stressgefühl fast immer eingebildet ist. Ich bin viel produktiver, wenn ich nicht unter diesem Druck agiere.

Ich erinnere mich noch an eine Passage, die ich vor Jahren in einem Buch über Thomas Keller gelesen habe, in der der Autor über dieses allgegenwärtige Gefühl der Gelassenheit in

Kellers berühmtem Restaurant staunte, dem French Laundry. Der Autor fragte sich, wie so unglaublich gutes Essen bei gleichbleibend hohem Standard in einer derart gelassenen Atmosphäre produziert werden könne. Das Faszinierende daran ist natürlich, dass diese ruhige Atmosphäre die Basis für die Produktivität war und eine vollkommene Meisterschaft in Bezug auf die anstehenden Aufgaben offenbarte. Ich bin bemüht, dieses Gefühl von Gelassenheit in mir zu tragen, und manchmal gelingt mir das sogar.

Stephen Coveys Zeitmanagement-Matrix

In *Die 7 Wege zur Effektivität* beschreibt Stephen Covey seine Zeitmanagement-Matrix, welche belegt, wie sinnvoll es ist, wie Matthew es ausdrückt, *nicht* unter Druck zu agieren.

I **WICHTIG** DRINGEND	II **WICHTIG** NICHT DRINGEND
III **DRINGEND** NICHT WICHTIG	IV **NICHT DRINGEND** NICHT WICHTIG

Covey beschreibt das Schaubild folgendermaßen: »Der einzige Weg, Quadrant I in den Griff zu bekommen, ist, dem Quadranten II erhebliche Aufmerksamkeit zu schenken … [und] der einzige Ort, um zunächst Zeit für den Quadranten II zu bekommen, sind die Quadranten III und IV. Sie können die dringenden und wichtigen Aktivitäten des Quadranten I nicht ignorieren, obwohl er an Größe verlieren wird, wenn Sie mehr Zeit mit Prävention und Vorbereitung im Quadranten II verbringen.« Wenn Sie sich also dafür entscheiden, *nicht* unter Druck zu arbeiten, können Sie mit der Zeit produktiver werden.

NUN SIND SIE DRAN

»Ob Sie den Tag dem Schreiben, Entwerfen oder Malen
widmen, die konsequente Anwendung des
Morgen-Rituals ist die Pforte zu allem.«

ELLE LUNA, KÜNSTLERIN UND AUTORIN

Morgens sind wir oft am frischesten, daher ist es keine Überraschung, dass viele erfolgreiche Menschen ihre Morgenstunden so konzentriert und produktiv wie möglich gestalten.

Das wird mit der Zeit immer wichtiger. So bemerkt der Illus-
trator und Schriftsteller Mars Dorian: »In den letzten Jahren ist
mein Morgen-Ritual straffer und fokussierter geworden. Je älter
ich werde, desto weniger Zeit will ich verschwenden.« Die Neurowissenschaftlerin Darya Rose meint: »Morgens wird Ihr Gehirn
darauf vorbereitet, wie es den Rest des Tages funktionieren wird.
Lassen Sie sich leicht ablenken und springen von einem Projekt
zum nächsten? Oder sind Sie fokussiert, handeln bewusst und
haben sich Ziele gesetzt? Ich bin lieber in letztgenanntem Zustand. Ich kann dann mehr Arbeit erledigen, und das ist besser.
Ich bin weniger gestresst und ablenkbar. Also tue ich, was ich
kann, um meine Morgenstunden ruhig und klar zu halten.«

Natürlich soll diese zielgerichtete und produktive Zeit nicht
auf Kosten Ihrer Familie gehen. Es ist wichtig, dass Sie für sich
die richtige Balance finden. Ein ruhiger Morgen gemeinsam
mit Ihrer Familie, ob zu Hause oder sonst wo auf der Welt, wird
Ihnen das Maß an Energie geben, das Sie benötigen, um im
weiteren Verlauf des Tages effektiv arbeiten zu können. In den
Worten des Generalstaatsanwalts des Bundesstaates Washing-

ton, Bob Ferguson: »Ich mag es, wenn die Kinder einen guten Start in den Tag haben ... Es ist kein Problem, Meetings in der Arbeit später beginnen zu lassen, auch oder andere anstehende Termine. Aber weil ich nicht garantieren kann, dass ich später am Tag noch viel Zeit für die Kinder habe, koste ich die Zeit am Morgen voll aus.«

Versuchen Sie, sich an die fünf unten aufgeführten Regeln zu halten, und beobachten Sie, ob Ihr Tag dadurch fokussierter und produktiver wird.

SCHREIBEN SIE EINE TO-DO-LISTE UND HALTEN SIE SICH DARAN

Eine To-do-Liste zu haben und sich daran zu halten, ist das Allerbeste, was Sie tun können, um Ihre Konzentration und Produktivität rundum zu steigern. Punkt. Wir plädieren dafür, dass Sie Ihre To-do-Liste für den nächsten Tag am Ende Ihres Arbeitstages (mehr dazu im Kapitel »Abend-Rituale«) schreiben (entweder auf Papier oder digital), sodass Sie in dem Moment, in dem Sie mit Ihrer täglichen Arbeit beginnen, die Liste vor sich haben. Sie werden feststellen, dass Ihre Entscheidungsmüdigkeit (diese wird auf Seite 96 genauer erläutert) nachlässt, weil Sie genau wissen, was Sie an dem betreffenden Tag zu tun haben. Dadurch laufen Sie auch weniger schnell Gefahr, zwischen verschiedenen Aufgaben, die nicht so wichtig sind, hin- und herzuspringen. Eine To-do-Liste anzulegen, befreit Sie davon, sich über wichtige Aufgaben Sorgen zu machen, denn diese aufzuschreiben, garantiert Ihnen, dass Sie sich am nächsten Tag daran erinnern (und sie in Angriff nehmen). Richter Jeremy Fogel sagte uns, dass er jeden Morgen darüber nachdenkt, »was wirklich getan werden muss (im Gegensatz zu der Vielzahl der Dinge, die meine Zeit in Anspruch nehmen) und wie ich das am besten umsetzen kann«.

Wir möchten Sie zwar ermutigen, eine ehrgeizige Liste zu erstellen, die einen kompletten Arbeitstag umfassen sollte, möchten Sie jedoch davor warnen, die Liste zu überladen, sonst überfordern Sie sich damit so sehr, dass Sie am Ende wie paralysiert sind – und gar nichts tun. Am besten belassen Sie es bei fünf oder sechs Posten auf Ihrer Liste. Mischen Sie ruhig ein paar leichte Aufgaben darunter, um schnell Erfolg zu haben – das erhebende Gefühl, eine vollendete Aufgabe abhaken zu können, ist nicht zu unterschätzen. Verringern Sie die Anzahl, wenn Sie feststellen, dass Sie nur drei Aufgaben pro Tag erledigen können. Selbst eine große Aufgabe auf Ihrer To-do-Liste ist nicht zu wenig.

Wenn Ihnen an Ihrem Arbeitstag neue Aufgaben einfallen, die nicht ganz so dringend sind und nicht sofort erledigt werden müssen – und das ist höchstwahrscheinlich der Fall –, dann sollten Sie diese auf eine separate Liste schreiben (oder sozusagen im Aufgaben-»Ordner« ablegen). Wenn Sie dann Ihre To-do-Liste für den nächsten Tag schreiben, können Sie einige der Aufgaben, die an diesem Tag nicht erledigt wurden, wieder neu mit aufnehmen und einige Aufgaben aus Ihrem »Ordner« hinzufügen.

Falls Sie einmal am Vortag keine To-do-Liste geschrieben haben, ist das nicht schlimm. Dann erstellen Sie einfach eine am Morgen, kurz bevor Sie mit der Arbeit beginnen. Grundsätzlich sollten Sie jedoch versuchen, sie am Ende Ihres Arbeitstages zu schreiben, sodass Sie gleich am nächsten Morgen frisch ans Werk gehen können.

BEGINNEN SIE ZUERST MIT DER WICHTIGSTEN AUFGABE

Sofern Sie nicht von sich aus ein unglaublich disziplinierter Mensch sind, ist eine To-do-Liste nicht sehr hilfreich, wenn Sie keine Prioritäten setzen – und wenn Sie dies tun, beginnen Sie zuerst mit Ihrer wichtigsten Aufgabe.

Wir sind schon alle einmal in der Situation gewesen, dass wir genau wussten, dass wir ein oder zwei Aufgaben zu bewältigen haben, stattdessen aber lieber mit anderen, leichteren Aufgaben begonnen haben. Wir bezeichnen dies gern als »positive Verschleppungstaktik«, und während es sicherlich einige Vorteile hat, wenn dies gelegentlich vorkommt, ist es für eine gut funktionierende To-do-Liste unerlässlich, dass Sie Ihre wichtigste Aufgabe zuerst in Angriff nehmen. Natürlich wissen Sie genau, welche Arbeit das für Sie ist. Das kann eine unangenehme Aufgabe sein, aber auch etwas Erfreuliches, etwas, das Sie unbedingt erledigen wollen, aber immer wieder verschieben, wie etwa ein persönliches Projekt, das Ihre volle Aufmerksamkeit verlangt.

In seinem Buch *Deep Work* (auf Deutsch: Konzentriert arbeiten) aus dem Jahr 2016 beschreibt Cal Newport, Informatikprofessor an der Georgetown University, »deep work« als »professionelle Tätigkeiten in einem Zustand ablenkungsfreier Konzentration, die Ihre kognitiven Fähigkeiten an die äußersten Grenzen bringen. Die dadurch entstandenen Leistungen schaffen neue Standards, verbessern Ihre Fähigkeiten und sind nur schwer zu wiederholen.« Dies steht im Gegensatz zu oberflächlichen Arbeiten, die Newport »als kognitiv nicht anspruchsvolle, logistisch geprägte Aufgaben« bezeichnet, »bei deren Ausführung man sich häufig ablenken lässt. Die daraus resultierenden Leistungen neigen nicht dazu, neue Standards zu schaffen, und sind leicht zu wiederholen.«

Das ist Ihre wichtigste Aufgabe – oder, um es klarer auszudrücken: Behalten Sie Ihre Vormittage dem Denken vor und widmen Sie Ihre Nachmittage den Details.

CHECKEN SIE NICHT MORGENS ALS ERSTES IHRE E-MAILS

Für die meisten von uns hat das Lesen von E-Mails und Überfliegen von Social-Media-Konten früh am Morgen katastrophale Auswirkungen auf die morgendliche Produktivität.

Wenn Sie gleich nach dem Aufwachen erst einmal Ihre E-Mails checken, stressen Sie Ihr Gehirn und werden von den Gegebenheiten des vor Ihnen liegenden Tages förmlich wachgerüttelt. Sie sind gezwungen zu reagieren, statt zu agieren, da Sie sich gleich mit den Bedürfnissen von anderen beschäftigen anstatt mit Ihren eigenen. Der Unternehmer und Autor Julien Smith merkt an: »Wenn ich mich [als Erstes morgens] um E-Mails kümmere, und das alles ist, was ich schaffe, hasse ich mein Leben.«

E-Mails und Social Media außer Acht zu lassen, macht es leichter, seine Gedanken zusammenzuhalten. Entfernen Sie Push-Benachrichtigungen und Social-Media-Apps von Ihrem Handy, wenn Ihnen diese Disziplinierung etwas nutzt, oder verschieben Sie diese (und andere Apps für die Arbeit) zumindest vom Startdisplay, damit Sie nicht so leicht darauf zugreifen können. Wenn das alles nichts nützt, legen Sie Ihr Handy während der produktivsten Zeit am Morgen in ein anderes Zimmer.

> »Das Schlimmste, was Sie mit einer E-Mail machen können, ist, sie zu beantworten, denn dann bekommen Sie noch mehr zurück.«
>
> SCOTT ADAMS, SCHÖPFER DES *DILBERT*-COMICS

In dem Moment, indem Sie Ihre E-Mails öffnen, betreten Sie einen Bereich, in dem Sie nur noch reagieren. Sie beginnen, sich mit den Anliegen eines anderen zu beschäftigen anstatt mit Ihren eigenen. Das gilt grundsätzlich, egal, ob Sie nun angestellt sind oder Freiberufler. Lassen Sie nichts und niemanden (außer Ihren Chef) zwischen sich und Ihre Aufgaben des Tages kommen. Alles andere sind die Probleme von anderen Menschen.

Abhängig davon, wie strikt es an Ihrem Arbeitsplatz zugeht, können Sie diesen Ansatz modifizieren, um sicherzustellen, dass Sie zwar seltener Ihre E-Mails abrufen, aber trotzdem nichts Wichtiges verpassen (und wer weiß, je länger Sie eine Antwort hinauszögern, desto größer ist die Wahrscheinlichkeit, dass sich das Problem von selbst erledigt). Die Softwareentwicklerin Tracy Chou, die sich für Diversität in der Technologiebranche einsetzt, hält es wie folgt: »Ich checke morgens als Erstes meine E-Mails, beantworte aber nur diejenigen, die ich mit ein oder zwei Sätzen erledigen kann.« Dies ist eine ideale Herangehensweise in dieser Situation.

Seien Sie morgens aus sich heraus aktiv, anstatt nur zu reagieren. Sie werden auch noch E-Mails bekommen, wenn Sie schon gestorben sind.

VERZICHTEN SIE AUF MORGENDLICHE MEETINGS UND ANRUFE

Wenn Sie das Gefühl haben, dass Sie Ihren Arbeitstag mit allen möglichen Meetings vergeuden, versuchen Sie, die Erlaubnis zu bekommen, so viele davon wie möglich auszulassen. Wenn Sie Ihren Chef davon überzeugen, dass Sie die Zeit, in der die Meetings stattfinden, nutzen, um so hart wie möglich zu arbeiten, wird er es Ihnen wahrscheinlich für die weniger wichtigen Termine gestatten. (Machen Sie es sich zum Langzeitziel, nach und nach immer mehr auszulassen.)

Die Möglichkeit, so etwas in die Tat umzusetzen, hängt natürlich von Ihrem Job ab und sicherlich auch von Ihrer Position im Unternehmen. Auf jeden Fall sollten Sie aber versuchen, Ihre morgendlichen Meetings und Anrufe zumindest auf ein Minimum zu beschränken.

»Als ich Paramount geleitet habe, hatte ich fast jeden Tag um halb neun Uhr Frühstücksmeetings. Zwei Jahre nachdem ich Paramount verlassen hatte, habe ich die täglichen Frühstücksmeetings gestrichen.«

SHERRY LANSING, DIE ERSTE FRAU, DIE EIN FILMSTUDIO
IN HOLLYWOOD GELEITET HAT

Wenn Ihre produktivsten Stunden in der Vormittagszeit liegen, macht es keinen Sinn, diese Zeit für Meetings und Anrufe zu verschwenden, die gewöhnlich, wenn wir mal ehrlich sind, nicht Ihre Bestform erfordern. Versuchen Sie stattdessen, Meetings und Anrufe für den Nachmittag einzuplanen. In den Worten der Autorin Laura Vanderkam: »Wenn ich meine Tage zeitlich gut plane, lasse ich große Zeitfenster am Morgen frei, damit ich mich konzentrieren kann. Mit Telefonaten beginne ich dann nach halb elf Uhr morgens. Ich halte mich nicht immer daran, aber ich versuche es.«

Wenn Sie in der Lage sind, den Anforderungen anderer Menschen Grenzen zu setzen, dann legen Sie ganz klar fest, dass Ihr erster möglicher Termin für Meetings oder Anrufe mittags ist – entweder vor oder nach der Mittagspause, zwischen 13 und 14 Uhr. Dazu machen Sie deutlich, dass diese Grenzen respektiert werden müssen (wenn Sie einen gemeinsamen Kalender benutzen, können Sie die Morgenstunden als »nicht verfügbar« blockieren), und räumen nur in absoluten Ausnahmefällen Sondertermine ein.

GLIEDERN SIE GROSSE AUFGABEN IN KLEINE ETAPPENZIELE

Sie kennen bestimmt den Spruch: »Wie isst man einen Elefanten? Stück für Stück.« Auch wenn wir persönlich ein leichteres

Frühstück bevorzugen, ist an diesem Spruch durchaus was dran, wenn Sie das Beste aus Ihrem Morgen machen möchten, um Ihre wichtigste Arbeit erledigt zu bekommen.

Niemand kann Hals über Kopf in ein großes, überwältigendes Projekt eintauchen und erwarten, am Ende daraus wiederaufzutauchen und alles erreicht zu haben, was man sich ursprünglich vorgenommen hat. Eine Arbeit von größerem Umfang muss schrittweise angegangen werden; sie muss in kleine Etappen aufgeteilt werden – oder anders gesagt, Stück für Stück gegessen werden. Wenn Sie Ihre wichtigste Arbeit am Morgen erledigen wollen, dann gliedern Sie diese Arbeit in kleine, überschaubare Teile, bevor Sie sie in Angriff nehmen. Kleinere Aufgaben können Sie viel besser beginnen und bis zu ihrer jeweiligen Vollendung durcharbeiten.

ANDERERSEITS ...

Das Problem liegt hier auf der Hand. Was ist, wenn trotz größter Anstrengungen der Morgen einfach nicht Ihre produktivste Tageszeit ist?

Der Schriftsteller Chris Guillebeau sagt: »Das beste Ritual ist Ihr eigenes. Ich checke morgens meine E-Mails und treibe erst später Sport. Wenn alle anderen für das Gegenteil plädieren, ist das gut für alle anderen. Aber Sie sollten immer herausfinden, was gut für Sie ist, nicht für jemand anderen.« Um aufzuspüren, was für Sie funktioniert, sollten Sie versuchen, ohne Vorbehalte und mit unvoreingenommener Neugier auch mal andere Wege zu gehen. Geben Sie all Ihren Experimenten ein oder zwei Wochen Zeit, bevor Sie einen anderen Versuch starten, und probieren Sie den neuen Weg dann ebenfalls entsprechend lange aus.

Wenn Sie nachmittags am produktivsten sind und Ihre anspruchsvollsten Arbeiten erledigen können oder sogar erst spät in der Nacht, dann kehren Sie die oben genannten Punkte um, sodass Sie Ihre E-Mails, die Details und administrativen Aufgaben am Morgen erledigen, wenn Sie am wenigsten produktiv sind, und Ihre produktivsten Stunden für Ihre wichtigste Arbeit freihalten.

Müssen Sie Ihre E-Mails gleich am Morgen checken, weil Ihr Job dies erfordert? Das kann nötig sein und wir wollen Ihnen natürlich nichts empfehlen, was Sie Ihren Arbeitsplatz kosten könnte. In diesem Fall könnten Sie folgenden Kompromiss versuchen: Sichten Sie die eingegangenen E-Mails, wenn Sie zur Arbeit kommen, sodass Sie ein Gefühl dafür bekommen, was Sie im Laufe des Tages erledigen müssen. Dann versenken Sie sich in Ihre wichtigste Aufgabe und schauen jede Stunde (oder wie oft es Ihnen angemessen erscheint) ins Postfach, sodass Sie noch immer auf jede wichtige oder dringende Nachricht, die hereinkommt, reagieren können.

Melody Wilding, Coach und Expertin für Arbeitsplatzpsychologie, konstatiert: »Die meisten von uns wissen, dass sie zu bestimmten Tageszeiten am produktivsten sind, aber der Schlüssel, um Vorteile aus dieser Erkenntnis zu ziehen, liegt in der Fähigkeit, diese Zeiten zu definieren und dementsprechend unseren Zeitplan anzupassen. Achten Sie genau auf die Zeiten, in denen Ihre Produktivität den Höhepunkt erreicht.«

KAPITEL 3

WORKOUT
AM MORGEN

IST SPORT AM MORGEN DAS RICHTIGE FÜR SIE?

STEVE NIMMT DIE SACHE MIT DEM
MORGENDLICHEN TRAINING EIN
BISSCHEN ZU ERNST.

Wir alle wissen, dass wir mehr Sport treiben und uns gesünder ernähren sollten und dass es besser wäre, nicht so viel Zeit im Sitzen zu verbringen. Doch vielen von uns fällt es schwer, die nötige Zeit zu finden, um ein regelmäßiges Workout einzubauen, und sei es auch noch so kurz.

Sie müssen nicht jeden Morgen zwei Stunden im Fitnessstudio verbringen, um die Vorzüge einer festen Sportroutine zu genießen. Vielmehr wird es ihre Chancen, das Training beizubehalten, wesentlich vergrößern, wenn Sie Ihr regelmäßiges Workout möglichst kurz und einfach halten, denn das wird Ihnen helfen, dieses Ritual auf lange Sicht fortzuführen.

In diesem Kapitel sprechen wird (unter anderem) mit dem ehemaligen General der US-Armee Stanley McChrystal über die Unterschiede seiner Workout-Rituale in den USA und während seiner Stationierung im Irak und in Afghanistan; mit der Olympionikin Rebecca Soni über ihre Liebe zum Laufen, Schwimmen und Stand-up-Paddling; und mit dem Geschäftsführer von Clif Bar & Company, Kevin Cleary, darüber, dass er seit 19 Jahren die Ergebnisse seiner wöchentlichen Workouts aufzeichnet.

GENERAL STANLEY MCCHRYSTAL

Vier-Sterne-General der US-Armee im Ruhestand

Wenn Sie um vier Uhr früh aufstehen, um zu trainieren, weil der Rest des Tages vollkommen ausgebucht ist – und Ihr Körper das erstaunlicherweise mitmacht.

Wie sieht Ihr Morgen-Ritual aus?

Das ist unterschiedlich, aber ich beschreibe Ihnen einmal das grundsätzliche Ritual. Ich wache gegen vier Uhr morgens auf, stehe auf, rasiere mich und trainiere dann ungefähr eineinhalb Stunden lang. Dann komme ich zurück und verbringe vier, fünf Minuten unter der Dusche, um runterzukommen, bevor ich mich ins Büro aufmache.

Wie lange pflegen Sie dieses Ritual schon? Was hat sich geändert?

Ich hatte eine Phase, in der ich nur auf das Laufen konzentriert war. Ich bin jeden Tag aufgestanden und bin dieselbe Strecke gelaufen, sieben Tage die Woche. Das war irgendwie verrückt, und als ich älter wurde, musste ich feststellen, dass es viel besser ist, meine Workouts abwechslungsreicher zu gestalten. An einem Tag gehe ich nun laufen und am nächsten Tag mache ich Krafttraining. Durch den täglichen Wechsel der Aktivitäten verletze ich mich auch weniger leicht.

Als ich im Irak und in Afghanistan stationiert war, sah mein Morgen-Ritual ziemlich identisch aus, außer dass ich es oft in zwei Blöcke aufgeteilt habe. Ich stand morgens auf und ging eine Stunde laufen oder machte etwas Ähnliches, und am Ende des Tages ging ich in den Kraftraum und machte 34 Minuten Übungen auf dem Crosstrainer, bevor ich mich schlafen legte.

Im Irak arbeiteten wir die ganze Nacht durch, sodass wir erst um sechs Uhr morgens ins Bett kamen, als es schon hell wurde. Ich schlief dann bis zehn Uhr und begann dann mit meinem Workout.

Um wie viel Uhr gehen Sie schlafen?
Das ist jetzt ein bisschen peinlich, meist so gegen 20:30 Uhr und 21 Uhr. Meine Frau und ich lachen darüber, aber wir sind sogar schon mal um 19:30 Uhr zu Bett gegangen.

Was tun Sie, um sich schon abends auf den Morgen vorzubereiten?
Ich bin ein sehr strukturierter Mensch. Ich organisiere mein Leben, stehe morgens auf und gehe vom Schlafzimmer ins Bad, wo ich meine Trainingskleidung schon bereitgelegt habe. Ich habe auch ein Regal für meine Laufschuhe und auch sonst all das parat, von dem ich weiß, dass ich es brauchen werde. So kann ich mich direkt in meine Klamotten schmeißen und loslegen. Ich lege die Dinge immer dorthin, wo sie hingehören. Man muss den Weg des geringsten Widerstands einschlagen und die Dinge so vorbereiten, dass es leichter ist, etwas zu tun, als es nicht zu tun.

Benutzen Sie einen Wecker, um aufzuwachen?
Ich benutze einen Wecker, bin aber gewöhnlich schon vorher wach und schalte ihn einfach aus.

Wie viel Zeit vergeht zwischen dem Aufwachen und dem Frühstück?
Ich fühle mich nicht gut, wenn ich schon vor dem Training irgendetwas esse oder trinke. Wenn ich zurückkomme, trinke ich Wasser oder irgendein gekühltes Getränk. Erst wenn ich mit der Arbeit anfange, trinke ich Kaffee. Normalerweise esse ich

bis zum Abendessen nichts. Zurzeit kommt es hin und wieder vor, dass mein Körper mir gegen Mittag sagt: »Iss mal etwas«, und dann esse ich etwas, aber an den meisten Tagen tue ich das nicht. Es gibt mir einfach ein besseres Gefühl, mein Körper hat sich daran gewöhnt, und wenn ich dann etwas vor dem Abendessen esse, macht mich das irgendwie träge.

Könnten Sie Ihr Workout-Ritual etwas genauer beschreiben?
Ich trainiere jeden Tag, wechsle aber regelmäßig zwischen Laufen und Core-Training. Freie Tage gibt es bei mir nicht. Wenn Laufen dran ist, jogge ich einfach über eine Stunde lang. An den anderen Tagen mache ich erst vier Übungseinheiten mit Liegestützen und dann dieses ganz schön anstrengende Core-Training, was auch fast eine ganze Stunde in Anspruch nimmt. Ich mache auch viele Bauchmuskelübungen, da ich zwei Rückenoperationen hatte und festgestellt habe, dass mir diese Bauchmuskelübungen ungemein guttun.

Danach gehe ich in den Kraftraum und mache Übungen für den Oberkörper, Wand- und Bankpressen, Klimmzüge und Ähnliches. Wenn ich wenig Zeit habe, dann mache ich Bauchmuskelübungen mit ein bisschen Yoga zwischendrin, das ist gut für mich.

Wie fügt sich Ihre Partnerin in Ihr Morgen-Ritual ein?
Meine Frau trainiert auch viel. Wenn ich zwischen sechs und halb sieben von meinem Workout zurückkomme, steht sie gerade auf und geht dann laufen. Wenn sie vom Laufen zurückkehrt, geht sie ins Fitnessstudio. Wir haben beide unsere kleinen Rituale, bei denen wir uns nicht in die Quere kommen.

Behalten Sie Ihr Ritual auch an den Wochenenden bei?
An den Wochenenden gehen meine Frau und ich zur gleichen Zeit laufen, aber wir laufen nie zusammen. Wir laufen unter-

schiedliche Strecken und dann treffen wir uns in diesem kleinen Bagel-Café drei Blocks von unserem Haus entfernt.

Mein Sohn, meine Schwiegertochter und die beiden kleinen Enkelinnen wohnen direkt nebenan und es ist Tradition geworden, dass wir am Samstag und Sonntag in den Bagel-Laden gehen (meine Frau und ich treffen uns dort und sie trudeln dann mit ihren Kindern ein).

Wie halten Sie es auf Reisen?
Ich reise unheimlich viel. Manchmal komme ich erst um Mitternacht oder sogar noch später an meinem Zielort an. Das wirkt sich natürlich aus, aber ich versuche, meine Gewohnheiten irgendwie beizubehalten. Ich schlafe dann an solchen Tagen einfach weniger, denn ich habe festgestellt, dass es für mich umso besser ist, je enger ich mich an die grundsätzlichen Elemente meines Rituals halte. Im Grunde genommen behalte ich dieses Ritual nun schon seit gut 35 bis 40 Jahren bei.

In Ihrem Buch *Team of Teams* nehmen Sie Bezug auf den »limfac« (limiting factor), den limitierenden Faktor. Was könnte dieser Faktor im Rahmen Ihres Morgen-Rituals sein? Und was tun Sie, wenn Ihnen etwas dazwischenkommt?
Es ist normalerweise etwas, worauf ich keinen Einfluss habe, etwa, wenn ich unterwegs bin und ein Kunde um halb sieben Uhr morgens frühstücken will. Meine Erfahrung hat mich gelehrt, dass ich dann um halb vier aufstehe und trainiere. Den Preis dafür zahle ich später.

Ich habe herausgefunden, dass es meine Stimmung negativ beeinflusst, wenn ich mein Morgen-Ritual vernachlässige. Ich schaue dann auf die Uhr und frage mich, wann ich mit dem Training anfangen kann. Mein Körper erwartet bestimmte Dinge zu bestimmten Zeiten, und wenn ich das nicht tue, fühle ich mich körperlich einfach nicht wohl.

Haben Sie in Anbetracht Ihrer militärischen Laufbahn einen Vorschlag, was wir als Morgen-Ritual ausprobieren könnten?

Wissen Sie, wir neigen dazu, das zu tun, was uns gefällt. Ich erinnere mich, als ich das erste Mal nach West Point kam, da zwangen sie uns, Klimmzüge zu machen, und ich schaffte nicht so viele, wie ich eigentlich hätte schaffen sollen. Nun mache ich fast jeden Tag Klimmzüge. Es ist wie mit dem Spinat – man muss ihn aufessen. Man muss diese Dinge bestimmen, von denen man weiß, dass man sie tun sollte, sie aber nicht mag oder immer Entschuldigungen sucht, um sie zu vermeiden, und dann muss man sie jeden oder fast jeden Tag tun, bis es irgendwann zur Gewohnheit wird.

REBECCA SONI

Dreifache US-amerikanische Olympiasiegerin im Schwimmen

Wenn die morgendliche Selbstbelohnung darin besteht, jegliche Spur von Entscheidungsmüdigkeit zu vermeiden.

Wie sieht Ihr Morgen-Ritual aus?

Ich wache um halb sechs Uhr morgens auf und atme ein paarmal tief durch, um richtig wach zu werden. Ich trinke eine Menge Wasser, spiele mit meiner Katze und meinem kleinen Hund, während ich mich anziehe, und gehe dann in mein Büro, wo ich erst einmal zehn Minuten im Sitzen meditiere.

Normalerweise beginne ich meinen Tag mit einem Workout. Ich laufe, schwimme, mache etwas Stand-up-Paddling oder Yoga. Es fühlt sich großartig an, wenn man sich ordentlich bewegt hat, bevor man sich hinsetzt und mit der Arbeit beginnt. Danach nehme ich ein schnelles Frühstück und Kaffee zu mir. Ich versuche zu frühstücken (normalerweise eine Schüssel Haferflocken mit einem Berg Früchten darauf), bevor ich das Handy und den Computer einschalte, statt alles gleichzeitig zu machen. Aber das strikt umzusetzen, daran arbeite ich noch.

Wie lange pflegen Sie dieses Ritual schon? Was hat sich geändert?

Ich halte mich nun schon einige Jahre daran. Größtenteils versuche ich, von meiner Liste der Morgen-Rituale so viele Aspekte an einem Tag umzusetzen, wie ich kann. Mit der Zeit ändert sich das auch mal, aber generell ist es immer dasselbe: früh aufstehen, mich zentrieren und das Gleichgewicht finden, Sport treiben. Mich an die Arbeit machen.

Was tun Sie, um sich schon abends auf den Morgen vorzubereiten?

Ich plane meinen Tag, bevor ich zu Bett gehe. Als Unternehmerin, die von zu Hause aus arbeitet, stehe ich jeden Tag vor vielen kleinen Entscheidungen, die ich treffen muss. Und ich habe festgestellt, dass das Vorausplanen hilft, Entscheidungsmüdigkeit am folgenden Morgen zu vermeiden. Wenn ich für den frühen Morgen ein Workout plane, lege ich am Abend vorher schon einmal meine Trainingssachen bereit.

Welches Getränk nehmen Sie als Erstes morgens zu sich und wann genau?

Wasser, noch bevor meine Füße den Boden berühren.

Behalten Sie Ihr Ritual auch an den Wochenenden bei?

Ja, obwohl mein Sportprogramm dann eher noch länger ist.

Was tun Sie, wenn etwas dazwischenkommt?

So sehe ich das nicht. Ich versuche, jeden Morgen das Beste hinzubekommen. Vielleicht fühle ich mich am Ende des Tages etwas zerstreuter, aber es motiviert mich, es am nächsten Tag besser zu machen. Der Morgen ist meine liebste Tageszeit. Ich genieße das Gefühl, am vor mir liegenden Tag so viele Möglichkeiten zu haben. Es ist toll, ein Ritual zu haben, das mich auf den richtigen Weg bringt.

Was ist Entscheidungsmüdigkeit?

Entscheidungsmüdigkeit ist ein negativer psychologischer Zustand, den wir alle von Zeit zu Zeit erleben. Im Allgemeinen bezeichnet man damit die verminderte Fähigkeit, angesichts der Vielzahl der Möglichkeiten, mit der wir tagtäglich überschwemmt und konfrontiert werden, Entscheidungen zu treffen (oder besser gesagt, die Entscheidungen zu treffen, die getroffen werden müssen).

Beispiele für Entscheidungsmüdigkeit findet man überall. Ein gern genanntes Beispiel ist das von Richtern, die ganz allgemein betrachtet, frühmorgens nachsichtigere Urteile fällen als spät am Nachmittag. So schreibt John Tierney in der *New York Times* über einen bestimmten israelischen Bewährungsausschuss: »Häftlinge, die früh am Morgen erschienen, erhielten in etwa 70 Prozent der Fälle Bewährung, während diejenigen, die spät am Tag vor Gericht erschienen, in weniger als zehn Prozent auf Bewährung entlassen wurden.« Tierney fährt fort, dass einem ermüdeten Richter »die Ablehnung einer Bewährung wie die einfachere Entscheidung erscheint, nicht nur, weil sie den Status quo bewahrt und das Risiko ausschließt, dass ein auf Bewährung Entlassener wieder straffällig wird, sondern auch, weil sie mehr Optionen offenlässt: Der Richter behält sich die Möglichkeit vor, den Gefangenen zu einem späteren Zeitpunkt auf Bewährung zu entlassen, ohne auf die Möglichkeit zu verzichten, ihn jetzt sicher im Gefängnis zu behalten.« Aus dem gleichen Grund sind überall im Kassenbereich Snacks und Süßigkeiten zu finden. Den Betreibern von Lebensmittelläden ist es bewusst, dass der Kunde, nachdem er Dutzende kleiner Entscheidungen getroffen hat, welche Marke Doseneintopf oder Müsli er kauft, in seiner Willensstärke deutlich geschwächt ist, wenn er erst einmal an der Kasse angekommen ist. So steigt die Wahrscheinlichkeit, dass er einen Schokoriegel in seinen Korb legt, während er in der Schlange steht.

Zu den üblichen Methoden, um die Entscheidungsmüdigkeit zu vermindern, gehört das Planen des nächsten Tages am Vorabend, wie es Rebecca angesprochen hat, sowie das Tragen einer »Uniform« zur täglichen Arbeit (eine Taktik, die von Steve Jobs, Mark Zuckerberg und Barack Obama populär gemacht wurde). Kurz gesagt, je weniger unwichtige Entscheidungen Sie morgens treffen müssen, desto mehr Energie haben Sie für alle wichtigen Entscheidungen, die später am Tag anstehen.

SHERRY LANSING

Ehemalige Präsidentin von 20th Century Fox und Vorstandsvorsitzende von Paramount Pictures; die erste Frau, die ein Hollywoodfilmstudio leitete

Wenn das Sport-Ritual so wichtig ist wie der Job.

Wie sieht Ihr Morgen-Ritual aus?

Wenn ich nicht ganz frühmorgens rausmuss, wache ich spätestens irgendwann zwischen halb acht und acht Uhr morgens auf. Ich rufe dann gleich in meinem Büro an und schaue sofort die E-Mails an. Ich kümmere mich, während ich frühstücke, um alles, was am Abend vorher noch nicht erledigt worden ist, oder um das, was noch auf meiner To-do-Liste steht. Jeden Morgen bekomme ich die Printausgaben der *New York Times, Los Angeles Times,* des *Wall Street Journal* und der *Financial Times.* Mein Mann und ich machen schon Witze darüber, dass wir vielleicht zwei Ausgaben jeder Zeitung abonnieren sollten, weil wir uns nicht entscheiden können, wer einen bestimmten Teil einer Zeitung zuerst bekommt! Dann versuche ich, das Wichtigste zu überfliegen, bevor ich mit dem Sportprogramm beginne.

Ich trainiere viermal in der Woche. Montags und mittwochs mache ich Pilates, dienstags und donnerstags gehe ich 50 Minuten aufs Laufband und mache 40 Minuten lang Kraftübungen. Ich würde lügen, wenn ich behauptete, dass ich den Sport nie auslasse, denn ich lasse das Training häufig weg. Aber ich versuche wirklich, es nicht auszulassen.

Wenn ich frühmorgens ein Meeting habe, was mindestens ein bis zwei Mal die Woche vorkommt, kann ich kein Pilates machen oder trainieren. Der Teil meines Morgen-Rituals, den ich am liebsten verbessern würde, ist mein Sportprogramm, dem würde ich gern größere Priorität einräumen und es nicht ständig in Gefahr bringen, wenn jemand sagt: »Oh, wir können uns nur um neun Uhr morgens treffen«, und ich mit »Okay« antworte und dann meinen Sport verpasse. Ich bemühe mich sehr, das zu ändern und das Training zum wichtigsten Teil meines Tages werden zu lassen. Es geht dabei ja darum, Zeit für sich selbst zu finden.

Wie lange pflegen Sie dieses Ritual schon? Was hat sich geändert?

Seit einem Jahrzehnt. Als ich noch Paramount geleitet habe, hatte ich fast jeden Tag um halb neun ein Frühstücksmeeting, sodass alles ein paar Stunden nach vorne verschoben war. Ich stand zwischen sechs und halb sieben auf und trainierte auf dem Laufband oder setzte mich aufs Trimmrad, während ich entweder ein Drehbuch las oder Kollegen an der Ostküste zurückrief (E-Mails waren damals noch nicht so weit verbreitet).

Heutzutage kann ich viel mehr das lesen, was mich interessiert – die Möglichkeit hatte ich zuvor nie, weil ich zu sehr damit beschäftigt war, den ganzen Tag Drehbücher zu lesen.

Was sind Ihre wichtigsten Aufgaben am Morgen?
Meine E-Mails beantworten, die Zeitung lesen und trainieren. Wenn ich morgens Sport treibe, fühle ich mich gut. Ich muss daran arbeiten, mir dies zur Priorität zu machen. Ich gebe dem Beantworten all meiner morgendlichen E-Mails stets den Vorrang vor dem Training, selbst den Mails, die nicht so dringend sind. Ich kann nicht mit klarem Kopf trainieren, wenn nicht all meine Arbeit erledigt, mein Schreibtisch abgearbeitet ist. Ich stelle meine Pflicht immer vor das Training, aber ich glaube, das ist ein großer Fehler. Ich sollte so tun, als wäre mein Sport ein sehr wichtiges Meeting.

Was tun Sie, wenn etwas dazwischenkommt?
Ich weiß, das klingt jetzt alles sehr positiv, es ist aber tatsächlich so, dass ich das Training oft auslasse. Im Moment bin ich in bester Stimmung, denn ich habe in den letzten zwei Wochen kein Training versäumt.

JILLIAN MICHAELS

Personal Trainer, Fernsehstar

Wenn Ihr Trainingsplan darin besteht, spontan ein Workout zwischen Termine zu quetschen, sobald Sie mal einen seltenen Moment der Freiheit genießen.

Wie sieht Ihr Morgen-Ritual aus?
Mein Wecker ist mein fünfjähriger Sohn. Er rüttelt mich um ungefähr zehn nach sechs aus dem Schlummer, um zu ku-

scheln. Dann stehen wir auf und füttern die Tiere (Kaninchen, Schwein, Hunde, Vogel, Hühner, Enten, Fische usw.). Ja, das ist mein Ernst.

Ich genehmige mir einen Kaffee und dann bereiten wir alle das Frühstück vor. Danach machen sich die Kinder für die Schule fertig. Heidi, meine Partnerin, oder ich bringen sie hin und danach beginnt der Arbeitstag.

Wie lange pflegen Sie dieses Ritual schon? Was hat sich geändert?

Seit ungefähr drei Jahren, seitdem wir auf einer Farm leben. Weil ich Kinder und viele Tiere zu versorgen habe, ist mein Ritual unverrückbar; sie haben Vorrang.

Wenn ich keine Kinder hätte, würde ich mit Sicherheit wach werden, die Schlummertaste drücken, schnell mal fünf Minuten meditieren und mir dann einen Kaffee nehmen und 15 Minuten lang die Nachrichten lesen. Danach würde ich vielleicht während des Frühstücks meine E-Mails beantworten und dann ins Fitnessstudio verschwinden. Aber das ist mindestens für die nächsten 13 Jahre eine reine Fantasievorstellung.

Was tun Sie, um sich schon abends auf den Morgen vorzubereiten?

Ich bereite alles schon am Tag zuvor vor. Ich mache den Kindern ihr Lunchpaket, damit sie das gleich mitnehmen und zur Schule aufbrechen können. Für die Tiere richte ich das Frühstück her. Den Kindern legen wir die Sachen zum Anziehen hin.

Können Sie Ihr Workout-Ritual genauer beschreiben?

Ich zwänge meine Workouts dazwischen, wann immer ich es schaffe. Ich glaube, es ist wichtig, jederzeit umsetzbare, schnelle und leichte Lösungen zu finden, um fit zu bleiben.

Ich habe eine App entwickelt, weil ich weiß, dass bei den meisten Menschen die Zeit knapp bemessen ist. Sie genießen nicht den Luxus, sich aussuchen zu können, wann sie trainieren, oder alle ihre Mahlzeiten zu planen. Meine App erlaubt es einem, überall zu trainieren, wann immer es passt, und die Workouts lassen sich, je nach persönlichem Ziel, Zeitrahmen, Fitnesslevel und dem zur Verfügung stehenden Equipment, individuell gestalten. Selbst die Vorschläge für Mahlzeiten bestehen aus einfachen, schnellen und leichten Rezepten samt Optionen für Mahlzeiten zum Mitnehmen, um sicherzugehen, dass alles klappt, ganz gleich, wie beschäftigt man ist.

Wann checken Sie Ihr Telefon?
Sobald ich aufgestanden bin. Als Geschäftsinhaberin gehört das einfach zu meiner Tätigkeit. Es ist wichtig zu wissen, ob sich ein Problem anbahnt, und früh und schnell ein Feuer zu löschen ist eine Komponente des Erfolgs.

Wie fügt sich Ihre Partnerin in Ihr Morgen-Ritual ein?
Meine Partnerin ist genau das – eine Partnerin. Wir teilen die häuslichen Pflichten und gehen sie gemeinsam an, um alles erledigt zu bekommen.

Was tun Sie, wenn etwas dazwischenkommt?
Das beeinträchtigt mich nicht wirklich. Solange ich mein Koffein intus habe und etwas essen kann, bin ich recht umgänglich.

KEVIN CLEARY

**Geschäftsführer des Lebensmittelunternehmens
Clif Bar & Company**

Workouts rund um alle anderen Verpflichtungen planen.

Wie sieht Ihr Morgen-Ritual aus?

Mein Tag beginnt irgendwann zwischen sechs und halb sieben Uhr morgens und als Erstes mache ich immer Sport. Ich habe drei Söhne – neun Jahre alte Zwillinge und der Kleine ist sieben –, und wenn ich die frühen Morgenstunden nicht ausnutze, weiß ich nicht, wann ich die Zeit dafür finden sollte.

Wie lange pflegen Sie dieses Ritual schon? Was hat sich geändert?

Diesem Ritual folge ich mit Unterbrechungen seit vielleicht acht oder neun Jahren, aber in den letzten vier oder fünf Jahren betreibe ich es viel intensiver. Es ist mir sehr wichtig, darauf zu achten, dass ich alles tue, um fit zu bleiben, besonders weil ich schon ein relativ alter Vater bin. Das Ritual wechselt je nachdem, was ich zu der gegebenen Zeit tue. Im Jahr 2016 habe ich am Ironman Kona (einem Triathlon) teilgenommen, weswegen ich verschiedene Arten des Trainings gemischt habe. Vor ein paar Jahren hatte ich das Glück, bei der *American Ninja Warrior Show* mitmachen zu können, und das hat mein Workout optimiert, doch ich versuche so beständig zu sein, dass ich jeden Morgen etwas körperlich Anstrengendes mache.

Was tun Sie, um sich schon abends auf den Morgen vorzubereiten?

Ich bereite am Abend zuvor schon alles vor. Das macht einfach alles reibungsloser. Ich lege mir meine Fahrrad- und Laufklamotten bereit, denn mir ist aufgefallen, dass ich dann nicht über so viel nachdenken muss und leichter aufstehe und loszulege, statt zu trödeln. Das ist ein Punkt, wo meine Frau und ich wirklich unterschiedlich sind. Sie ist viel spontaner und ich plane alles durch, aber das klappt ganz gut.

Ich mache mir morgens einen Proteindrink, für den ich am Vorabend schon alle Zutaten bereitlege; ich vergewissere mich, dass Wasser im Kühlschrank steht und meine Chia-Samen und alles Nötige griffbereit sind.

Benutzen Sie einen Wecker, um aufzuwachen?
Ich benutze morgens aus reiner Gewohnheit einen Wecker. Normalerweise bin ich schon auf, bevor er klingelt. Ich kann mich nicht erinnern, wann ich das letzte Mal die Schlummertaste gedrückt habe – ich drücke vielleicht ganz kurz drauf und denke dann aber schon: »Ich stehe jetzt auf, es ist höchste Zeit loszulegen.«

Können Sie Ihr Workout-Ritual genauer beschreiben?
Jeden Sonntag (ich mache das nunmehr schon seit 19 Jahren) setze ich mich hin und arbeite einen Plan meiner Workouts für die kommende Woche aus – was ich tun werde, abhängig von meinen Terminen, der Arbeit und den Kindern. Ich versuche stets herauszufinden, woran ich arbeiten kann, um meine eigenen Erwartungen zu steuern, wie meine Workouts für die folgende Woche aussehen werden. Ein oder zwei Mal in der Woche fahre ich mit dem Rad zur Arbeit, die gesamte Strecke hin und zurück beträgt ungefähr 72 Kilometer.

Was sind Ihre wichtigsten Aufgaben am Morgen?
Wenn ich ins Büro komme, ist es meine wichtigste Aufgabe, mich erst einmal mit meiner Assistentin kurzzuschließen, was für den Tag ansteht. Gibt es irgendetwas Dringliches, gibt es etwas Neu-

es, das wir im Laufe des Tages in Angriff nehmen müssen, oder wird der Tag in etwa so verlaufen wie geplant, oder zumindest so, wie wir es in dem Moment einschätzen können?

Das ist wirklich wichtig, dieser Austausch mit meiner Sekretärin ist nicht zu unterschätzen. Normalerweise setze ich mich dann noch mit meiner Frau in Verbindung, um sicherzugehen, dass die Kinder gut zur Schule gekommen sind und der Morgen gut gelaufen ist. Oft mache ich ihnen ja morgens das Frühstück, wenn ich nicht gerade mit dem Rad zur Arbeit fahre. Und dann gehe ich durch die Firma und versuche mit allen Angestellten im Unternehmen Kontakt aufzunehmen.

Und wenn Ihnen etwas dazwischenkommt?
Ich gönne mir eine Pause und betrachte alles mit etwas Abstand. Wenn ich mein Workout nicht später am Tag nachholen kann, dann tröste ich mich damit, dass ich es eben morgen oder an dem darauffolgenden Tag machen werde. In sechs Monaten werden mein Körper und ich nicht mehr wissen, dass ich einen Tag versäumt habe.

CAROLINE BURCKLE

US-amerikanische Olympia-Bronzemedaillengewinnerin im Schwimmen

Wenn einen das Schwimmen von klein auf so konditioniert, dass man auch als Erwachsener noch im Morgengrauen aufwacht.

Wie sieht Ihr Morgen-Ritual aus?
Ich wache gegen halb sechs morgens auf, nehme mir einen Energieriegel und gehe raus, um Sport zu treiben. Das ist normalerweise Schwimmtraining, Krafttraining oder ein Workout mit In-

tervallläufen. Gerade absolviere ich einen sechswöchigen Werde-von-Grund-auf-stark-Block. So sieht meine Woche aus:

Montag: lange schwimmen, Aerobic-Sets.

Dienstag: langsames Krafttraining mit Fokus auf der Gesäßmuskulatur usw.

Mittwoch: Intervallläufe (abnehmende Kilometeranzahl und/oder sich minütlich wiederholende Tempoläufe), gefolgt von intensivem Krafttraining, das aus Power Cleans, plyometrischen Übungen und Übungen mit Bändern besteht.

Donnerstag: Schwimmen mit Fokus auf Armarbeit, da meine Beine an diesem Tag erschöpft sind (kurzum, ein Tag der Erholung).

Freitag: erneut langsames Krafttraining (Isolation) und ein kurzer, acht bis neun Kilometer langer Traillauf (leicht und langsam).

Samstag: Traillauf und/oder Lauf auf flacher Strecke (lang und gemächlich).

Sonntag: Dehn- und Rollübungen usw. (freier Tag).

Wie lange pflegen Sie dieses Ritual schon? Was hat sich geändert?

Ich pflege dieses Ritual schon mein ganzes Leben lang! Wegen des Schwimmtrainings bin ich von klein auf in den frühen Morgenstunden aufgestanden. Ich versuche, zweimal die Woche bis halb sieben oder sieben Uhr »auszuschlafen«.

Benutzen Sie einen Wecker, um aufzuwachen?

Ja (an Wochentagen), aber normalerweise weckt mich sowieso meine innere Uhr vier Minuten, bevor der Wecker klingelt.

Wie viel Zeit vergeht zwischen dem Aufwachen und dem Frühstück?

Ich esse einen Riegel oder etwas Mandelbutter, bevor ich mit dem Training beginne. Nach dem Training esse ich drei Rühreier, eine halbe Grapefruit und einen meiner köstlichen Protein-muffins.

Gehört Meditation zu Ihrem morgendlichen Morgen-Ritual?
Meinen Körper zu bewegen, ist meine Meditation. Ich halte echte Meditation eigentlich nach meiner Mittagspause für sinn-voller. Morgens gebe ich so viel Gas, dass ich nach dem Mittag-essen schlappmache, und da hilft es mir, mir zehn Minuten »Zeit ganz für mich« zu nehmen, um mich geistig und körper-lich neu auszurichten.

Wie fügt sich Ihr Partner in Ihr Morgen-Ritual ein?
Mein Freund ist in dieser Beziehung absolut phänomenal. Er ist selbst Sportler, da versteht es sich von selbst, dass wir morgens unser eigenes Ding machen, was das Training betrifft. Und wir fühlen uns gegenseitig verantwortlich, uns dazu zu ermuntern, auszuschlafen und uns ab und an morgens zu erholen.

Wie halten Sie es auf Reisen?
Das ist für ein Gewohnheitstier das Schwerste, aber ich habe gelernt, trotz allem unterwegs mein Ding durchzuziehen. Ich packe meine Sachen dementsprechend und bereite alles im Vorfeld vor. Sein Umfeld so gut wie möglich nachzuahmen und die Gewohnheiten beizubehalten ist ungemein hilfreich, aber sich anpassen zu können ist ebenso wichtig. Wenn man lernt, sich anzupassen, macht einen das zu einem besseren (und de-mütigeren) Menschen und Sportler!

Was tun Sie, wenn etwas dazwischenkommt?
In den letzten paar Monaten habe ich daran gearbeitet, mal wirklich loszulassen. Ich habe gemerkt, dass es mich nur stört, wenn ich das zulasse. Immer, wenn ich versuche, alles zu kont-rollieren, endet es damit, dass ich kontrolliert werde.

SARAH KATHLEEN PECK

Autorin, Langstreckenschwimmerin

Wenn Sie zu sich selbst sagen: Es ist zehn vor sechs statt 5:50 Uhr,
damit die Weckzeit weniger schrecklich klingt.

Wie sieht Ihr Morgen-Ritual aus?

Ich habe eine Reihe verschiedener Morgen-Rituale, abhängig
vom Wochentag und von der Struktur des Tages. Zwei oder
drei Mal die Woche stehe ich auf und gehe gleich schwimmen
oder laufen.

Das Muster ist immer ziemlich ähnlich: Ich versuche stets,
sechs bis acht Stunden bevor ich aufstehen muss, ins Bett zu
kommen, und mein Wecker klingelt zwischen 5:50 Uhr und
6:50 Uhr (ich denke nie an die Fünf, wenn es um die Zeit des
Aufwachens geht – es ist immer zehn vor sechs oder Viertel vor
sechs).

Wenn der Wecker klingelt (diese Woche um 6:18 Uhr), wache ich auf, drehe mich auf die Seite, um mein Telefon zu checken, setze mich auf und schaue aus dem Fenster. Dann gehe
ich ins Bad, putze mir die Zähne, esse etwas Avocado oder eine
halbe Banane und fülle meine Wasserflasche. Ich versuche, eine
Menge Wasser zu trinken, bevor ich in die Schwimmhalle gehe,
normalerweise gegen 6:50 Uhr. Ich schwimme Sätze von 2 700
bis 3 200 Metern und gegen 8:15 Uhr ist es vorbei.

Mindestens zwei Mal in der Woche erlaube ich es mir jedoch auszuschlafen. Während der Wintermonate kann ich in
einen richtigen Tiefschlaf fallen wie ein Champion. Manchmal
gehe ich um elf Uhr abends ins Bett und bleibe bis 8:20 Uhr
liegen.

Die Sonntage sind meine Luxustage. Vorausgesetzt, dass
ich nicht auf Reisen bin oder irgendeine große Veranstaltung

oder einen Wettbewerb habe, bleibe ich im Bett, solange ich will. Wenn ich an diesen Sonntagen frei habe, beobachte ich gern den Sonnenaufgang, lausche dem Verkehr draußen und trotte in meinen Pantoffeln in die Küche, um mir einen Kaffee zu holen. Ich sitze dann in meinem Bett und lese alles, worauf ich gerade Lust habe, manchmal den *Economist* von vorne bis hinten, andere Male schaue ich mir Modelle und Drucke von Städten an, und manchmal durchforste ich die Tweets und Postings meiner Freunde und lese in einigen meiner Lieblingsblogs.

Wie lange pflegen Sie dieses Ritual schon? Was hat sich geändert?

Dies ist schon seit mehreren Jahren mein Ritual. Auf dem College bin ich wegen dem morgendlichen Training viermal die Woche um 5:29 Uhr aufgestanden und an den Wochenenden war ich um acht Uhr in der Schwimmhalle. Ich bin heutzutage auf positive Weise etwas nachsichtiger bei meinem Ritual, auch wenn es noch ziemlich ähnlich ist – nur nicht mehr so rigoros.

Um wie viel Uhr gehen Sie schlafen?

Das ist auch so ein Rhythmus. Zweimal die Woche bleibe ich lange wach, weil ich erst nach der Arbeit in Gang komme und mich in einem Schriftstück verliere, an dem ich arbeite. Das passiert mir oft am Freitagabend. Ich gehe nicht so viel aus (oder versuche dies zumindest nicht), und während der Zeit meines Studiums habe ich die Gewohnheit entwickelt, »freitags zu Hause, samstags unterwegs«, denn wir hatten am Samstagmorgen immer um acht Uhr Training. Mir gefällt die Vorstellung, dass mir freitags immer zusätzliche fünf Stunden Zeit zur Verfügung stehen, die ich so ausfüllen kann, wie ich es möchte.

Wie sieht Ihr Frühstück aus?

Ich kann morgens Brotwaren nicht so gut verdauen – Müsli ist auch nichts für mich. Ich esse gerne etwas mit viel Fett und Protein. Mein Lieblingsfrühstück besteht aus Avocado, Grünkohl und Eiern. Ich fühle mich wie Popeye mit seinem Spinat, wenn ich mein Supermann-Frühstück zu mir nehme.

Wenn ich spät dran bin – oder nach dem Morgentraining –, greife ich zu Proteinriegeln, die weizenfrei und zuckerreduziert sind und viele gute Proteine enthalten. Grundsätzlich halte ich mich an Essen, das langsam verbrennt, damit es mich länger satt hält.

Können Sie Ihr Workout-Ritual genauer beschreiben?

Meine Workouts sind Teil größerer Einheiten oder struktureller Rhythmen. Ich konzentriere mich jede Saison als Trainingsziel auf eine bestimmte Veranstaltung. Während des Sommers schwimme und trainiere ich im Freien; manchmal trainiere ich auch für einen Halbmarathon oder einen Lauf. In anderen Jahreszeiten konzentriere ich mich aufs Tanzen. Ich lege gerne meine Trainingsziele auf drei oder vier Monate fest und ändere sie dann je nach Jahreszeit. Es ist vielleicht die Highschool-Sportlerin in mir – ich bin so an Herbst-, Frühjahres- und Sommersport gewöhnt, dass ich noch immer danach lebe.

Was tun Sie, wenn etwas dazwischenkommt?

Es kann einen durcheinanderbringen, aber ich kann mich ziemlich gut darauf einstellen. Ich bin viel gereist und habe genug Erfahrungen für den Fall, dass ich nicht ausreichend Schlaf bekomme oder etwas dazwischenkommt. So ist nun mal das Leben. Es ist immer anders und viel weniger vorhersehbar, als wir hoffen.

NUN SIND SIE DRAN

»Ich gehe montags, mittwochs und freitags ins Fitnessstudio.
Mein Ziel ist einfach, hinzugehen und 15 Minuten dort zu bleiben.
Die Gewohnheit aufzubauen ist mir viel wichtiger, als mich an ein
bestimmtes Ritual zu halten.«

DAVID KADAVY, AUTOR UND PODCAST-MODERATOR

Trainieren ist wie eine gute Tat für Ihren Körper und eine Investition in Ihre Gesundheit. Sport hat nicht nur positive physische Effekte, es sollte auch als meditative Übung geschätzt werden, die Ihnen jeden Morgen Ruhe und Klarheit bringen kann. Wie Yolanda Conyers, Chief Diversity Officer bei Lenovo, bemerkt, geht es beim Sport »ebenso sehr um geistige Klarheit wie um körperliche Vorteile«.

Das morgendliche Training bringt Ihnen diese körperlichen und geistigen Vorteile als Erstes gleich nach dem Aufstehen; und wie mit jedem Element, das Sie Ihrem Tag hinzufügen wollen, liefert die Tatsache, dass Sie es gleich als Erstes am Morgen machen, Ihnen den Ansporn, der sicherstellt, dass Sie auch wirklich loslegen. Zahlreiche Studien haben ergeben, dass, obwohl es einige Unterschiede zwischen Workouts am Morgen und am Abend gibt, beim Training direkt vor dem Frühstück ein größerer Prozentsatz an Fett statt an Kohlehydraten verbrannt wird, während beim Training am Abend der Kraftaufbau größer ist. Doch das Geheimnis, um ein regelmäßiges Workout beizubehalten, ist, zu trainieren, wenn es sich am besten anfühlt und für Sie am praktischsten ist.

»Dreimal pro Woche besuche ich ein Fitnessstudio, um mich eine ganze Stunde lang dem Faszientraining, der Dehnung, dem Herzkreislauf- und Krafttraining und allen möglichen anderen Quälereien hinzugeben.«

DES TRAYNOR, MITBEGRÜNDER VON INTERCOM

Hier sind einige hart erarbeitete Tipps und Vorschläge für ein morgendliches Trainingsritual:

VARIIEREN SIE IHR TRAINING

Gestalten Sie Ihre Workouts unterschiedlich, und das sowohl in der tagtäglichen Anwendung, damit sie interessant bleiben, als auch angepasst an Ihr Leben mit den sich ändernden Bedürfnissen. James P. Owen, seit 40 Jahren an der Wall Street und Autor von *Just Move!*, erzählt: »Ich habe festgestellt, dass mit zunehmendem Alter ein Tag der Erholung wichtiger geworden ist. Aber da ich nicht lange herumsitzen kann, gehe ich 30 Minuten draußen spazieren, damit mein Kreislauf in Schwung kommt, und später am Tag dehne ich mich noch 30 Minuten lang.«

Auch General Stanley McChrystal hat Ähnliches festgestellt: »Als ich älter geworden bin, habe ich gemerkt, dass es viel besser ist, mein Training zu variieren. An einem Tag gehe ich laufen und am nächsten Tag mache ich Krafttraining. Durch den Wechsel der Aktivitäten an den jeweiligen Tagen verletze ich mich auch nicht mehr so leicht.«

So wie Sie abwechselnd bestimmte Teile des Körpers trainieren sollten, um den jeweiligen Muskeln Zeit zum Regenerieren zu lassen, und sicherzugehen, dass Sie Ihr Workout-Ritual beibehalten und bei der Stange bleiben, sollten Sie diesen Wechsel auch vollziehen, um der Langeweile vorzubeugen. Auch wenn es gut ist, sich ein morgendliches Workout-Ritual anzueignen, sollten die Bewegungen selbst nicht langweilig und monoton werden.

GESTALTEN SIE IHRE WORKOUTS KURZ UND EINFACH

Das ist besonders am Anfang wichtig, wenn Sie das Terrain für ein neues Element in Ihrem Ritual sondieren. Julie Zhuo, die Vizepräsidentin für Produktdesign bei Facebook, erzählte uns, dass sie morgens als Erstes zehn bis 15 Minuten auf ihrem Crosstrainer arbeitet und sich so den Weg zum Fitnessstudio spart. »Ich versuche, da möglichst entspannt ranzugehen«, sagt sie. »So ist das wie Zähneputzen. Kein großes Ding.«

Im Grunde geht es nur darum, die Kette zu ölen, den Kreislauf in Bewegung zu bringen, den Körper aufzuwärmen und dafür zu sorgen, dass Sie den ganzen Tag hindurch in bester Form sind. Es ist nichts falsch daran, Liegestützen, Kniebeugen und Hampelmann zu machen oder neben dem Bett ein paar Dehnübungen zu absolvieren. Denken Sie daran: Es ist besser, überhaupt etwas zu tun, als es perfektionieren zu wollen.

Beginnen Sie damit, die einfachsten dieser Übungen in die bereits bestehenden Tätigkeiten am Morgen einzubauen, indem Sie vielleicht ein paar Yogaübungen einfließen lassen, während Ihr Kaffee kocht, oder ein paar Hampelmannsprünge machen, während Sie darauf warten, dass das Bad frei wird.

> »Ich mache ein paar Yoga-Dehnübungen, bevor ich Liegestützen mache … Nichts wirklich Aufwendiges; hauptsächlich konzentriere ich mich auf meine Atmung und einen guten Yoga-Flow – ich brauche nur knapp fünf Minuten, um meine Gedanken zu sammeln, während ich mich gut dehne.«
>
> MORGAN JALDON, MARATHONLÄUFER

Der ehemalige US-Navy-Seal Brandon Webb erzählte uns, dass er jeden Morgen als kleine Übung 50 Liegestütze und Crunches sowie Yogadehnübungen absolviert, unabhängig von seinem Workout im Fitnessstudio später am Tag. Dies, sagte er, mache er für den Fall, dass er es nicht in eine Schwimmhalle, ein Fitnessstudio oder zu einem Yoga-Kurs schafft, wenn er unterwegs ist.

GENIESSEN SIE DEN FRÜHEN MORGENSCHWEISS UND DAS GEFÜHL, ETWAS GELEISTET ZU HABEN

Wenn wir morgens nicht trainieren, ist es oft so, dass wir später auch nicht mehr dazu kommen, selbst wenn unsere Absichten noch so gut sind. Hat der Tag erst einmal Fahrt aufgenommen hat, kann es sowohl unpraktisch als auch unverantwortlich sein, alles liegen und stehen zu lassen, um zu trainieren.

»Den Tag mit einem Training zu starten, versetzt mich in gute Stimmung und verleiht mir einen Energieschub für den ganzen Tag. Es gibt mir das Gefühl, dass ich gleich zu Beginn etwas geleistet habe. Einer der Schlüsselfaktoren dafür ist, dass ich sofort nach dem Aufwachen meine Laufsachen anziehe, denn das schafft die Voraussetzung dafür, Sport zu treiben – meine Familie erwartet es dann und ich erwarte es ebenfalls.«

JAKE KNAPP, AUTOR UND DESIGNER

Wenn Sie sich gleich am Morgen angestrengt haben, wissen Sie, dass Sie, ganz gleich, was im Laufe des Tages passieren wird (oder nicht passieren wird), Ihr Training schon hinter sich haben. Sie können das als »Erfolg« in den Rest Ihres Tages mitnehmen. Die UX-Designerin und Produktstrategin Sarah Doody drückt das so aus: »Ich kann immer auf meinen Morgen zurückblicken und mir sagen: Ich bin heute morgen 16 Kilometer gelaufen, also kann ich alles schaffen.«

LAUFEN KÖNNTE IHRE EINSTIEGSDROGE SEIN

Vielleicht war Laufen noch nie Ihr Ding oder Sie haben es in der Vergangenheit mal ausprobiert und beschlossen, dass das nichts für Sie ist. Das ist in Ordnung und wir werden nicht versuchen, Sie vom Gegenteil zu überzeugen (die nachfolgenden Menschen vielleicht schon).

> »Sport zu treiben, ist ein wesentlicher Bestandteil meines Morgens. Ich gehe jeden Tag mit meinen Hunden durch Marin Hillside spazieren oder joggen. Das ist ein Aspekt meines Rituals, den ich nie aufgeben würde, denn es hilft mir, mich zu zentrieren und mich bereit zu fühlen, jede Hürde zu nehmen, die mir im Laufe des Tages in den Weg gelegt wird.«
>
> KARA GOLDIN, GRÜNDERIN DER GETRÄNKEFIRMA HINT WATER

Joggen kann Ihre Einstiegsdroge in eine gesündere Lebensweise sein und kann Ihnen sogar den entscheidenden Impuls geben, um ein ganz neues Morgen-Ritual zu entwickeln. Der Strategietrainer Arvell Craig sagt: »Jogging hat mir geholfen, der Morgenmensch zu werden, der ich schon immer sein wollte.« Der Schriftsteller Paul Schiernecker konstatiert: »Vor einem Jahr ist es mir gelungen, das Rauchen vollkommen aufzugeben, und seitdem bin ich [ständig] gelaufen. Damals schaffte ich nur 1,5 Kilometer. Jetzt komme ich auf fünf bis acht.«

Am besten joggen Sie, wenn möglich, durch einen Park oder irgendeinen anderen Grünbereich und vermeiden Straßen und Laufbänder. Die frische Luft wird Ihnen wirklich guttun. Doch das Wichtigste ist, dass Sie überhaupt laufen, egal wo Sie das tun.

BETRACHTEN SIE ES ALS ALTERNATIVLOS

Am leichtesten fällt es, Ihr neues Workout-Ritual beizubehalten, wenn Sie es als alternativlos ansehen. Legen Sie Ihre Trainingssachen schon am Abend vorher raus und packen Sie alles, was Sie brauchen, zusammen, so haben Sie alles bereit und können loslegen, das ist die die perfekte Unterstützung. Wir kommen darauf in unserem Kapitel »Abend-Rituale« zurück.

Überlegen Sie sich, ob Sie nicht eine Gruppe gründen oder sich einen Partner suchen wollen, um gemeinsam Sport zu treiben, und der oder dem Sie sich auch verpflichtet fühlen: So stehen alle in der Verantwortung und Sie werden dazu ermutigt zu trainieren, wenn Sie das angekündigt haben. Simon Enever, Mitbegründer eines Zahnbürsten-Start-ups, ist davon begeistert: »Mannschaftssportarten sind gut, weil man das Team nicht einfach hängen lassen kann, indem man nicht erscheint. Im Gegensatz zu individuellen Beschäftigungen wie dem Training im Fitnessstudio oder dem Joggen, ist man beim Mannschaftssport gezwungen hinzugehen (und hat am Ende immer Spaß).« Natürlich kann auch Ihr Partner die Person sein, die Sie antreibt, Verantwortung für sich selbst zu übernehmen.

Wenn alles andere scheitert, können Sie immer noch mit einem Personal Trainer arbeiten. Auch wenn das nicht billig ist, könnte es das beste Investment in Ihren Körper sein, das Sie jemals getätigt haben. Ein Trainer wird dafür sorgen, dass Sie ehrlich mit sich selbst bleiben und sich herausfordern.

Finanzielle Bindungen

Sportgemeinschaften sind eine gute Sache – die sozialen Bindungen und das Ehrgefühl, die Sie zwingen, ein Versprechen einzuhalten, sollten nicht unterschätzt werden. Einen ganz ähnlichen Effekt haben kostspielige Fitnessstudiomitgliedschaften – sie sind ein klassisches Beispiel für finanzielle Bindungen, die Sie anspornen, das, was Sie vorhaben, auch wirklich zu tun, weil der finanzielle Aufwand Sie zu sehr schmerzen würde, wenn Sie nicht ins Studio gingen. Noch besser sind Kurse, die eine Kaution verlangen, um Ihren Platz zu sichern, oder das viel zitierte Beispiel eines Freundes, dem Sie eine ordentliche Summe Geld geben mit der Aufforderung, das Geld für etwas zu spenden, für das Sie selbst nie Geld hergeben würden oder mit dem Sie Ihren Namen nicht in Verbindung gebracht haben wollen (Politiker, die Sie persönlich nicht mögen, wären eine gute Wahl) – dieses Geld wird fällig, wenn Sie sich nicht an die vorherigen Sportabmachungen halten.

BELOHNEN SIE SICH

Eine Belohnung können Sie sich bereits während des Workouts selbst gönnen (besonders wenn Sie im Fitnessstudio trainieren) oder erst später am Tag.

Wenn Ihre Motivation einen unmittelbaren Anschub braucht, belohnen Sie sich, indem Sie im Fitnessstudio eine dieser schrecklichen Fernsehsendungen anschauen. Das ist der einzige Moment, an dem man sich als vernünftiger Erwachsener so etwas gönnen darf, also suchen Sie sich was aus! Wenn Sie draußen trainieren, ist es schon eine Belohnung, in der freien Natur zu sein, aber Sie sollten nicht das Gefühl haben, sich nicht auch noch später belohnen zu dürfen.

ANDERERSEITS …

Wenn Sie nicht gerade verletzt oder gesundheitlich beeinträchtigt sind, können wir Sie, was das Training betrifft, nicht guten Gewissens aus Ihrer Verantwortung entlassen.

Einzig, was den Zeitplan betrifft, räumen wir Ihnen hier Zugeständnisse ein. Zwar treibt die Mehrheit der erfolgreichen Menschen Sport (78 Prozent aller Menschen, die wir bis zur Drucklegung dieses Buches interviewt haben), aber der Zeitpunkt für das Workout ist unterschiedlich, da viele es bevorzugen, am Nachmittag oder am frühen Abend zu trainieren. So bemerkt Bill McNabb: »Sport ist ein entscheidender Bestandteil meines täglichen Terminplans, und ich versuche, drei- bis viermal die Woche ein Workout am Mittag einzuschieben.«

Am Nachmittag zu trainieren, ist eine großartige Möglichkeit, für die noch anstehende Arbeit zusätzliche Energie zu bekommen, und es kann Ihre Batterien für den Rest des Arbeitstages wiederaufladen. (Wenn Sie es bevorzugen, am Abend zu trainieren, kann das auch ein guter Abschluss Ihres Arbeitstages sein.) Ist der Morgen Ihre produktivste Zeit für kreative Arbeit, ist es absolut in Ordnung, wenn nicht sogar sinnvoll, Ihr Training auf den Nachmittag oder frühen Abend zu schieben. Die Journalistin Ann Friedman meint: »Morgens ist meine mental produktivste Zeit; morgens zu trainieren, empfinde ich als Verschwendung meiner besten Schreibstunden.«

KAPITEL 4

MEDITATION AM MORGEN

KANN DAS MEDITIEREN AM MORGEN IHNEN HELFEN, SICH DEN GANZEN TAG ÜBER ZU KONZENTRIEREN?

ICH BIN SO NEIDISCH AUF JOHN, DENN BEI DEM PASSIERT REIN GAR NICHTS IM KOPF.

M editationsmöglichkeiten gibt es viele, und einige Beispiele, von denen Sie hier lesen werden, gehören auf der Skala des Möglichen zu den fortgeschrittenen Meditationspraktiken. Aber das sollte für Sie kein Grund sein, dieses Kapitel auszulassen. Auch wenn Ihnen der Gedanke, morgens 20 Minuten zu meditieren, nicht zusagt, können Sie lernen, meditative Momente in Ihren Alltag einzubauen und generell Momente bewusster Wahrnehmung in Ihren Tagesablauf zu integrieren, um mehr Energie, Konzentration und Ruhe zu gewinnen.

Meditation kann überall stattfinden, sei es, dass Sie sich bei einem Wochenendworkshop in den Lotossitz begeben (oft wider besseres Wissen), sei es, dass Sie geduldig warten, während Ihr Teewasser kocht, oder dass Sie am Morgen mit Ihren Kindern spielen. Hier sind einige der häufigsten Formen der Meditation:

- **Meditation unter Anleitung:** Heutzutage besteht Meditation unter Anleitung üblicherweise aus einer App oder einem Hörbuch, die Sie durch eine Übung führen. Eine andere Möglichkeit ist, einen Kurs oder einen Meditationsworkshop zu besuchen, wo Sie (oder eine Gruppe) in einem Raum von jemandem durch mentale Aufmerksamkeitsübungen geleitet werden.

- **Achtsamkeit:** In dieser Disziplin geht es nur um Sie und Ihren Atem. Wenn Sie sich Meditation vorstellen, denken Sie wahrscheinlich als Erstes an diese Form. Wenn Ihre Gedanken während der Achtsamkeitsmeditation abschweifen, bringen Sie sie sanft zurück und konzentrieren sich wieder auf Ihre Atmung.

- **Zen (Zazen):** Zazen gibt es nur im Zen-Buddhismus. Es ist eine Form der Meditation, die normalerweise im Lotossitz ausgeführt wird (oder einfach mit überkreuzten Beinen). Die Haltung ist wichtig und es ist nicht ungewöhnlich für Priester des Zen-Buddhismus, wenn sie sich entsprechend zurückgezogen haben, mehr als zwölf Stunden im Lotossitz zu verharren.

- **Transzendentale Meditation:** Auch TM genannt, ist dies eine Form der stillen Mantra-Meditation, bei der die Augen geschlossen sind und in Gedanken ein Mantra 15 bis 20 Minuten hintereinander wiederholt wird – und das zwei Mal am Tag.

Die Liste ließe sich fortsetzen, unter anderem mit Vipassana, Metta, Qigong, Selbsthypnose, Beten und moderneren Vorstellungen von dem, was Meditation umfassen kann, wie etwa Tagebuch zu führen, Laufen und Wandern in der Natur. Wenn Sie sich auf diese Dinge mit echter Neugierde und Offenheit für neue Erfahrungen einlassen – ohne sie zu ernst zu nehmen (zumindest am Anfang) –, werden Sie sich für ganz neue mentale Zustände öffnen.

> »An Tagen, an denen ich für nichts anderes Zeit habe, bete oder meditiere ich nur, denn ich finde, dass dies die wichtigsten Komponenten für einen guten Start in den Tag sind.«
>
> LISA NICOLE BELL, UNTERNEHMERIN

In diesem Kapitel sprechen wir (unter anderem) mit Ed Catmull, dem Präsidenten der Pixar und Walt Disney Trickfilm Studios, darüber, dass er entschieden hat, sich jeden Morgen auf seinen Atem zu konzentrieren (und über Jahre nicht einen Tag ausgelassen hat); mit der Autorin, Filmemacherin und Zen-Buddhismus-Priesterin Ruth Ozeki über ihre 16-stündige Meditation während eines Retreats; und mit der Schriftstellerin und Meditationslehrerin Susan Piver darüber, wie sie es schafft, dass ihr Geist morgens in einem träumerischen Zustand bleibt.

RUTH OZEKI

Romanautorin, Filmemacherin, Zen-Buddhismus-Priesterin

Wenn das Morgen-Ritual davon abhängt, welche Rolle
man an diesem Tag spielt.

Wie sieht Ihr Morgen-Ritual aus?
Mir gefällt die Vorstellung eines einzigartigen, perfekten und unfehlbaren Morgen-Rituals und ich bin ständig auf der Suche danach, habe aber leider noch keines gefunden. Inzwischen habe ich diverse Rituale, zwischen denen ich abwechsele und die sich abhängig davon, wo ich bin, in welcher Rolle ich mich befinde und was ich gerade tue, unterscheiden.

Während des Schuljahrs beispielsweise, wenn ich als Professorin an einem College arbeite und unterrichte, wache ich gewöhnlich gegen sieben Uhr morgens auf, putze mir die Zähne, wasche mich kurz, meditiere im Lotossitz, mache Kaffee und versuche, noch ein paar Stunden Schreibarbeit erledigt zu bekommen, um dann meine Aufmerksamkeit der didaktischen Arbeit zu widmen: den Unterricht planen, Arbeiten von Studenten lesen, Sprechstunden abhalten und Unterricht geben.

Wenn ich Romane schreibe, wohne ich auf einer abgelegenen kanadischen Insel am Desolation Sound. Ich wache ungefähr zwischen acht und neun Uhr morgens auf, putze mir die Zähne, wasche mich kurz, meditiere im Lotossitz und schreibe dann mehr oder weniger für den Rest des Tages. Manchmal bringt mir mein Ehemann Oliver Kaffee ans Bett, dann bleibe ich noch ein wenig liegen, schreibe Tagebuch und beobachte, wie die Rehe an den gelben Blumen vor unserem Schlafzimmerfenster knabbern, bevor ich mich der Zazen-Meditation und dem Romanschreiben widme.

Befinde ich mich als Zen-Priesterin in einem Meditations-Retreat, wache ich um halb fünf morgens auf, putze mir die Zähne, wasche mich kurz und meditiere im Lotossitz von fünf Uhr morgens bis 21 Uhr. Dann gehe ich ins Bett (manchmal schreibe ich allerdings zwischendurch noch ein wenig).

Wie lange pflegen Sie dieses Ritual schon? Was hat sich geändert?

Ich habe vor zwei Jahren begonnen, am Smith College zu unterrichten, daher ist das Ritual als Professorin noch relativ neu und ich arbeite noch daran, dass alles glatt läuft, aber die anderen Rituale pflege ich nun schon eine ganze Weile.

Ich hinterfrage meine Rituale ständig und optimiere sie. Ich bin ein großer Anhänger des Hawthorne-Effekts. Dieser geht auf die sogenannten Hawthorne-Experimente von Fritz Roethlisberger und Dickson zurück, eine Reihe von Studien, die zwischen 1924 und 1933 in der Hawthorne-Fabrik der Western Electric Company in Chicago (USA) im Auftrag des National Research Council und der amerikanischen Elektrizitätsindustrie durchgeführt wurden. Sie beschreiben zwei sehr interessante soziologische Phänomene:

1. Die Forschungsobjekte (in diesem Fall Arbeiter in einer Elektrofabrik) wurden einfach dadurch motiviert, ihre Leistung zu steigern, dass sie wussten, dass sie Gegenstand einer Studie waren und beobachtet wurden.

2. Sobald eine Variable in ihren Arbeitsbedingungen verändert wurde (in diesem Fall verbesserte Lichtverhältnisse am Arbeitsplatz in der Fabrik), führte die Neuerung zur vorübergehenden Steigerung der Produktivität – in anderen Worten, der entscheidende Faktor war die Tatsache einer Veränderung, nicht die eigentliche Veränderung an sich.

Der Hawthorne-Effekt besagt also, dass 1) das Neue einer Veränderung in einem Ritual die Produktivität steigern kann, aber 2) die Steigerung der Produktivität vorübergehend ist, es also 3) gut ist, die Dinge von Zeit zu Zeit zu verändern.

Ich betrachte mein Leben wie ein Experiment, das ich beobachte und bei dem ich sowohl der Experimentator als auch das Objekt bin. Ich etabliere ein Ritual, verändere eine Variable und beobachte meine Leistung. Wenn die Neuerung in ihrer Wirkung nachlässt, verändere ich wieder etwas. Selbst wenn nichts passiert, bleibt alles dadurch interessant.

Was tun Sie, um sich schon abends auf den Morgen vorzubereiten?
Manchmal denke ich vor dem Zubettgehen über ein Problem nach, das ich in einem Roman oder Schriftstück zu lösen versuche. Oft liege ich dann morgens im Bett, denke noch einmal darüber nach und stelle fest, dass mir über Nacht eine Idee oder Lösung eingefallen ist.

Benutzen Sie einen Wecker, um aufzuwachen?
Wenn ich zu einer bestimmten Zeit wach werden muss, stelle ich den Wecker meines Handys, versuche aber, nicht noch weiterzudösen. Nur manchmal, wenn ich nach einem besonders interessanten Traum wach werde, döse ich weiter, um in den Traum zurückzukehren und ihn zu Ende zu träumen. Natürlich gelingt das nur selten, aber es macht Spaß, es zu versuchen.

Können Sie uns etwas über Ihr morgendliches Meditationsritual erzählen?

Ich praktiziere Zazen, also Meditation im Lotossitz. Ich mag es, morgens als Erstes zu meditieren, außer wenn Oliver mir Kaffee ans Bett bringt. Ich finde es angenehm, ruhig zu sitzen, bevor mich die Geschäftigkeit des Tages einholt. Ich meditiere gerne eine halbe Stunde lang. Manchmal, wenn ich viel zu tun habe, sitze ich auch nur 15 oder 20 Minuten im Lotossitz, aber selbst zehn Minuten sind besser als gar nicht. Und manchmal meditiere ich auch stattdessen oder noch zusätzlich am Abend. Zazen am Abend ist auch schön. Es gibt mir ein anderes Gefühl, ist ruhig, dunkel und beständig.

Welches Getränk nehmen Sie als Erstes morgens zu sich und wann genau?

Kaffee. Ich habe früher immer Sencha (japanischen grünen Tee) getrunken, aber vor einigen Jahren bin ich auf Kaffee umgestiegen. Oliver hat aus Los Angeles einen japanischen Keramikfilter mitgebracht und darauf bestanden, dass der Kaffee damit besser wird als mit einer Pressstempelkanne oder einem Vollautomaten. Erst dachte ich, er macht Scherze, aber dann haben wir einen Blindversuch wegen des Geschmacks gemacht, und er hatte absolut Recht. Er hatte auch eine lange Erklärung dafür, warum das so ist – es hat etwas mit den physikalischen Eigenschaften des spitz zulaufenden konischen Filters zu tun und mit der Form der Spiralen auf der Innenseite des Filterhalters, aber die Details habe ich vergessen. Er mahlt die Bohnen mit der Hand in einer alten Kaffeemühle, die wir an einem Straßenstand in Berlin gekauft haben. Es ist ein Holzkasten mit einer Kurbel obendrauf und einer kleinen Schublade, um den gemahlenen Kaffee aufzufangen. Der Kaffee ist hervorragend und schmeckt immer besser, wenn er ihn mahlt.

Wie fügt sich Ihr Partner in Ihr Morgen-Ritual ein?

Wir machen uns oft gegenseitig Kaffee und frühstücken manchmal zusammen. Als Oliver und ich zusammengezogen sind, hörte er gerne morgens als Erstes Radio, aber ich nicht. Wenn ich schreibe, mag ich es, vom Traumzustand des Schlafes zu Zazen und dann direkt zum Schreiben überzugehen. Ich brauche ein paar Stunden, bis ich die Welt hereinlassen kann, also liest Oliver jetzt nur noch die Nachrichten.

Wie halten Sie es auf Reisen?

Ich habe nie wirklich ein festes Zuhause gehabt, deswegen passe ich mein Ritual ständig der Umgebung an, in der ich mich befinde – manchmal Massachusetts, manchmal New York City, manchmal British Columbia, und oft bin ich in unterschiedlichen Teilen der Welt in Hotels. Aber Zazen ist mir dabei eine große Hilfe. Es ist der einzige konstante Faktor, wo auch immer ich bin. Wenn ich mich hinsetzen kann, um zu meditieren, dann fühle ich mich wie zu Hause.

Was tun Sie, wenn Sie es nicht schaffen?

Dann raffe ich mich auf, versuche es am nächsten Tag. Solange man aus dem Bett kommt, kann doch eigentlich nichts schiefgehen, oder?

Möchten Sie noch etwas hinzufügen?

Ich habe am Anfang dieses Interviews gesagt, dass ich nach einem einzigartigen, perfekten und unfehlbaren Ritual suche, aber nachdem ich diese Fragen beantwortet habe, weiß ich, dass dies nicht nur unmöglich ist, sondern ich das letztendlich auch nicht wirklich will. Ich genieße die unterschiedlichen Rollen, die ich in meinem Leben spiele, und ich genieße die Rituale, die sie erfordern. Ich genieße es, alle meine Rituale zu beobachten und ständig zu optimieren. Veränderung hält meine Rituale frisch und meine Morgenstunden interessant. Genau so mag ich es.

ED CATMULL

Präsident der Pixar und Walt Disney Trickfilm Studios

Wenn man sich erst um das innere Zwiegespräch in seinem Kopf
kümmern muss, bevor man sich entspannen kann.

Wie sieht Ihr Morgen-Ritual aus?

Ich wache auf, gehe nach unten und fange an, mir Kaffee zu
machen. Ich nehme drei Shots Espresso, mische drei Teelöffel
Kakaopulver darunter (keinen Dutch Process) und zwei Süß-
stofftabletten. Angeblich hilft das, besser zu denken. Ich habe
keine Ahnung, ob das stimmt, aber es schmeckt gut.

Ich trinke den Kaffee, während ich erst meine E-Mails lese
und dann die Zeitungen: die *New York Times*, das *Wall Street Journal* und den *San Francisco Chronicle*. Dann schaue ich mir die
News mit dem Feedreader an, was ich früher nie gemacht habe,
aber das Fiasko der öffentlichen Debatten kann man heutzutage nur schwerlich ignorieren.

**Wie lange pflegen Sie dieses Ritual schon? Was hat sich
geändert?**

Ich mache das nun schon seit etlichen Jahren. Die einzige Veränderung ist, dass mein Terminplan jetzt viel voller ist, sodass er
meinen Zeitplan für das morgendliche Workout beeinträchtigt.

Benutzen Sie einen Wecker, um aufzuwachen?

Ich stelle den Wecker entweder auf Viertel vor oder Viertel
nach sechs Uhr. Ich benutze einen schrittweise lauter werden-
den Weckton, der zuerst ganz sanft klingt und dann fortlaufend
lauter wird. Aber normalerweise wache ich nach dem ersten
Klingeln auf, da ich nicht möchte, dass meine Frau gestört

wird. Als ich noch einen lauten Weckton hatte, habe ich oft einfach auf den Wecker gehauen und weitergeschlafen.

Wie sieht Ihr Frühstück aus?

Normalerweise frühstücke ich einen Smoothie oder etwas Müsli. Mein Smoothie besteht zumeist aus Pflanzenproteinpulver (ich bin allergisch gegen Milcheiweiß) in Mandelmilch, ein paar gefrorenen Beeren und einem Klacks Mandelbutter.

Haben Sie morgens ein bestimmtes Trainingsprogramm?

Ich trainiere dreimal die Woche im Fitnessstudio. Ich ändere das Training jedes Mal, aber mache immer eine Art Zirkeltraining an Kraftgeräten. Das lässt meinen Puls höher schlagen, ohne zu sehr meine Knie zu belasten, die aus irgendeinem Grund älter zu sein scheinen als der Rest meines Körpers.

Ich wohne ja in San Francisco und dort gibt es viele Hügel. Ich gehe gerne die Hügel herunter und renne sie dann wieder hoch, wobei die Belastung auf den Fußballen liegt, da das schonender ist für meine Knie. Ich kann kaum den Tag erwarten, an dem es einen Ersatz für den Meniskus gibt (das Knorpelgewebe, das als Puffer zwischen Schenkelknochen und Schienbein dient). Das ist so eine schöne und einfach aussehende Scheibe, dass man meinen sollte, Medizinwissenschaftler hätten schon längst ein Material gefunden, um den Meniskus zu ersetzen. Idealerweise würde das passieren, bevor ich einen Ersatz für mein Knie brauche oder sterbe.

Gehört Meditation zu Ihrem morgendlichen Ritual?

Ich meditiere jeden Tag (ich habe seit Jahren keinen Tag ausgelassen) 30 bis 60 Minuten lang, bevor ich trainiere. Es ist immer eine Art von Vipassana-Meditation, wie etwa sich auf die Atmung zu konzentrieren. Ich habe viel von der scheinbar einfachen, aber tatsächlich schwierigen Praxis profitiert, die innere Stimme in meinem Kopf auszuschalten. Ich habe gelernt, dass diese Stimme nicht ich selbst bin, und dass ich weder ständig Ereignisse aus der Vergangenheit rekapitulieren noch Zukunftspläne überdenken muss. Das hat mir geholfen, mich sowohl zu konzentrieren als auch innezuhalten, bevor ich auf unerwartete Vorkommnisse reagiere.

Ich muss jedoch zugeben, dass mir manchmal, obwohl ich mich auf die Atmung konzentriere, eine Idee kommt, die es wert ist, sie festzuhalten. Wenn ich mich daran festbeiße, ist meine Meditation unterbrochen. Also notiere ich sie kurz und lasse sie dann los. Der Ausdruck passt irgendwie ganz gut.

Was tun Sie, wenn etwas dazwischenkommt?
Ich lasse meine Meditation nie aus, obwohl ich sie zeitlich verkürze, wenn ich früher losmuss. Wenn ich nicht trainiere, habe ich ein mieses Gefühl, aber eigentlich bin ich ganz gut darin, mich an einen Zeitplan zu halten.

AISTE GAZDAR

Gründerin des Wild Food Cafés in Londons Covent Garden

Wenn man morgens gedanklich alles ins Reine bringt,
bevor der Trubel und die Hektik des Tages beginnen.

Wie sieht Ihr Morgen-Ritual aus?
Ich stehe zwischen vier und sechs Uhr morgens auf, meistens so um fünf. Zur Sicherheit benutze ich einen Wecker, aber normalerweise stehe ich schon auf, bevor der Wecker klingelt. Die Momente, bevor ich ganz aufstehe und aus dem Bett springe, sind wirklich wichtig für mich. Ich sage zu mir selbst: »Ich bin wach«, und das betrifft alle Ebenen, nicht nur die körper-

liche, sondern auch die mentale, emotionale und spirituelle. Ich strecke meinen Körper vom Kopf bis zu den Zehen, atme tief durch und stehe dann auf.

Im Bad benutze ich kaltes Wasser, damit alle meine Sinne vollkommen wach und aufeinander abgestimmt sind. Dann beginne ich mit meinem Trainingsritual, dem sogenannten Maya-Yoga, das aus uralten Übungen südamerikanischer Eingeborener besteht. Die Übungen sind so angelegt, dass man sich bewusst dehnt und bewegt und dabei Herz und Geist stimuliert, damit die Energie in einem harmonisch fließen kann. Es ist eine Kombination aus sanften Dehnungen und einigen kraftvollen Bewegungen, denen dann Entspannungselemente folgen. Anschließend mache ich noch ein paar Sonnengrüße und beende alles mit einer kurzen Meditation und einem Gebet.

Wenn ich nicht in Eile bin und losmuss, nutze ich die Zeit zwischen acht und neun Uhr morgens, um irgendetwas zu lesen, was nichts mit der Arbeit zu tun hat. Themen, die mich wirklich interessieren, aber für deren Studium ich sonst nie die Zeit finde. Ich nutze die Zeit, um zu lernen, Instrumente zu spielen, lese Sachbücher, studiere Astrologie oder gehe in der Natur spazieren.

Wie lange pflegen Sie dieses Ritual schon? Was hat sich geändert?
Es hat bei mir lange Zeit gedauert, den Mut, die Disziplin und die Überzeugung aufzubringen, ein solches Ritual einzuführen, aber ich finde, damit hat sich das Blatt für mich gewendet.

Ich habe mir früher schwergetan, morgens aus dem Bett zu kommen, weil ich dies in meiner Vorstellung meistens mit Arbeit, der Schule, Verpflichtungen, Fließbandkarrieren und all solchen Dingen verband, die mich nicht im Geringsten interessierten. Ganz bewusst hatte ich mein Leben so eingerichtet, dass es keinerlei Notwendigkeit gab, früh aufzustehen, und ich fand das gut, bis ich vor einigen Monaten eine starke Botschaft erhielt, das zu ändern. Frühmorgens aufzustehen, sendet mir und, ohne jetzt zu verrückt klingen zu wollen, dem Universum eine sehr wichtige Botschaft: »Hey, hier bin ich, wach, aufmerksam, gespannt und bereit, zeitgleich mit dem ersten Licht des Morgens.« Ich habe erkannt, dass es einem Kraft, Festigkeit, Klarheit, Vitalität, Ausgeglichenheit und Konzentration gibt, wenn man frühmorgens ganz bei Sinnen und hellwach ist, was man abends einfach nicht erreichen kann.

Mir selbst morgens Zeit, Fürsorge und Aufmerksamkeit zu schenken, war ausschlaggebend dafür, mein Stress-Level deutlich zu senken und meine Kapazität, Leistungen zu erbringen, mir Klarheit zu verschaffen und zu handeln, konstant zu erhöhen.

Gehört Meditation zu Ihrem morgendlichen Ritual?
Meine morgendliche Meditation ist vielleicht der wichtigste Moment eines jeden Tages. Ich betrachte es als mein tägliches »Bettenmachen«. Welche äußeren oder inneren Kämpfe ich auch haben mag, Meditation ist die Möglichkeit, von der anderen Seite der bewussten Wahrnehmung, ohne nachzudenken oder etwas zu tun, mit sich ins Reine zu kommen – sich geradezu enorm bewusst zu werden über den schieren Umfang, die Tiefe und den Reichtum der eigenen Existenz. Wenn ich erst einmal in diesem Zustand bin, ergibt sich alles wie von selbst, auch wenn ich nicht so recht weiß, was da genau passiert.

DARYA ROSE

Neurowissenschaftlerin, schreibt für Foodist

Wenn einem bewusst wird, dass das Lesen der E-Mails vor der
Meditation so wirkt, als würde man vor dem Zubettgehen einen
doppelten Espresso trinken.

Wie sieht Ihr Morgen-Ritual aus?

Ich habe das große Glück, zu Hause arbeiten zu können und
nicht pendeln zu müssen.

An den meisten Tagen wache ich ohne Wecker auf, häufig
mit dem Sonnenaufgang. Ich trinke normalerweise Kaffee
zum Frühstück und esse dazu ein warmes Müsli mit Zimt und
ungesüßter Hanfmilch. Wenn möglich, meditiere ich nach
dem Frühstück 30 Minuten, bevor ich meine E-Mails lese. Ich
schaue nie vor dem Frühstück nach den E-Mails. Sie gehören
zu den Dingen, die sich ganz nebenbei in dein Leben schlei-
chen und zusätzlichen Stress verursachen. Mir ist irgendwann
bewusst geworden, dass es keinen Sinn macht, eine E-Mail zu
lesen, wenn ich nicht augenblicklich darauf reagieren kann (da
es zum Beispiel kaum möglich ist, wichtige Dokumente von
meinem Handy aus zu verschicken, warte ich, bis ich am Computer sitze). Wenn ich E-Mails lese, um die ich mich nicht
gleich kümmern kann, schwirren sie mir im Kopf herum, und
ich kann nicht zur Ruhe kommen, bevor ich nicht etwas getan
habe. Das wusste ich eigentlich ganz intuitiv, aber es ist mir
erst richtig klar geworden, als ich mit dem Meditieren angefangen habe.

Wenn du meditierst, versuchst du, dich auf eine einzige
Sache zu konzentrieren wie deine Atmung. Drängen sich andere Gedanken in den Vordergrund, nimmst du das einfach hin

und lässt sie los. Ich habe aber bemerkt, dass es weitaus schwieriger ist, mich auf meine Atmung zu konzentrieren, wenn ich vor der Meditation E-Mails lese, da die meisten störenden Gedanken durch Verpflichtungen auftauchen, die ich in meinem Posteingang gesehen habe. Seitdem weiß ich, dass es viel besser ist, sich erst zu konzentrieren und zu sammeln und erst später um die E-Mails zu kümmern.

Wie lange pflegen Sie dieses Ritual schon? Was hat sich geändert?

An den Teil mit der Meditation halte ich mich nun seit vier oder fünf Monaten. Meditation hat sich stark auf meine Konzentrationsfähigkeit und auf mein allgemeines Wohlbefinden ausgewirkt. Ich fühle mich weniger erschöpft.

Die Morgenstunden sind wichtig, weil sie das Gehirn auf Trab bringen und es für den restlichen Tag einstimmen. Werde ich ständig abgelenkt sein und von Projekt zu Projekt springen? Oder konzentriert sein und bewusst und planvoll handeln? Ich bevorzuge eindeutig den letzteren Zustand. Ich erledige dann mehr Arbeit und bin erfolgreicher. Ich bin weniger gestresst und weniger reaktiv. Also tue ich alles Mögliche, damit der Morgen klar und geordnet verläuft. Ich trinke Kaffee, esse mein Frühstück und meditiere, bevor ich irgendetwas anderes tue.

Benutzen Sie irgendwelche Apps oder Hilfsmittel, um Ihr Morgen-Ritual zu verbessern?

Nein. Ich ziehe es vor, meinen Morgen altmodisch zu halten. Ich gestalte die Gewohnheiten und Rituale in meinem Leben mit Sorgfalt. Einer der Gründe dafür ist, dass die Stärke von Gewohnheiten darin liegt, dass man wichtige Dinge ohne viel Nachdenken und Kraftaufwand automatisch erledigt. Hinzu kommt: Je weniger man von Hilfsmitteln und Apps abhängig ist, desto eher gelingt es einem, ein starkes Ritual zu entwickeln.

MICHAEL ACTON SMITH

Geschäftsführer von Calm

Wenn der Tag mit einer Gruppenmeditation beginnt
und mit einer Gutenachtgeschichte endet.

Wie sieht Ihr Morgen-Ritual aus?

Ich wache um halb acht Uhr morgens auf und wälze mich
noch ein wenig im Halbschlaf herum, während ich versuche,
mich daran zu erinnern, wer ich bin und welcher Wochentag
ist. Wenn es kein nebeliger Morgen in San Francisco ist, mache
ich mir eine Tasse Tee und setze mich ins Wohnzimmer, um
mir anzuschauen, wie die Sonne über der Bucht aufgeht. Ich
trinke noch ein Glas Wasser und gehe dann ins Fitnessstudio,
wenn ich Lust habe.

Nach dem Training dusche ich, ziehe mich an, während
ich mich über die neuesten Nachrichten informieren lasse,
dann gehe ich auf dem Weg zur Arbeit in ein Café. Da verbringe ich etwa eine Stunde, führe Telefonate mit Großbritannien, schreibe To-do-Listen, lese die Nachrichten und
beantworte meine Mails. Ich liebe es, morgens im Café zu
arbeiten, da ich der Überzeugung bin, dass es gut ist, einen
Platz zu haben, der zwischen dem eigenen Zuhause und dem
Büro liegt. Das gibt einem die Möglichkeit, den vor einem liegenden Tag zu planen und zu überdenken, bevor man dem
Trubel und ständigen Ablenkungen des Bürolebens ausgeliefert
ist. Ich schätze es sehr, bei der Arbeit in einen richtigen Flow zu
kommen, und Cafés sind für mich die perfekte Umgebung, um
das zu erreichen.

Wie lange pflegen Sie dieses Ritual schon? Was hat sich geändert?

Ungefähr eineinhalb Jahre – seitdem ich nach San Francisco gezogen bin. Es ist hier um einiges einfacher und besser organisiert, als es in London der Fall war. Damals war es immer ziemlich kompliziert, von Soho nach Shoreditch zu pendeln, was die Planungen meiner Vormittage schwierig machte, abgesehen davon, dass ich versuchen musste, heil mit der Central Line durchzukommen.

Was tun Sie, um sich schon abends auf den Morgen vorzubereiten?

Ich stelle mein Smartphone auf Flugmodus, stecke es ans Ladekabel und lege es mit dem Display nach unten auf den Boden neben mein Bett. Vor dem Schlafengehen lese ich meistens noch im Bett, weil ich auf diese Weise gut entspannen und abschalten kann. Zu 95 Prozent lese ich Sachbücher.

Gehört Meditation zu Ihrem morgendlichen Ritual?

Es dürfte kaum überraschen, dass ich Calm nutze! Wir beginnen jeden Tag in der Calm-Zentrale mit einer Gruppenmeditation. Wir machen die Daily Calm zusammen (eine zehnminütige Meditation, die jeden Tag ein anderes Thema hat). Das klingt vielleicht ungewöhnlich und sehr nach »Kalifornien«, aber es ist wirklich großartig, so mit den Menschen in den Tag zu starten, mit denen man arbeitet.

Abends, wenn ich am Ende eines Tages gestresst bin und meine Gedanken nicht zur Ruhe kommen wollen, nehme ich ein Bad mit Olverum-Öl. An den Wochenenden beginne ich normalerweise den Tag mit einer Meditation daheim im Wohnzimmer oder gehe gelegentlich in den Golden Gate Park und meditiere in der Sonne. Das Meditieren hat definitiv meinen Schlaf verbessert, weil es mir hilft abzuschalten, wenn die Gedanken sich nicht beruhigen wollen und überhandnehmen. Bei Calm haben wir kürzlich *sleep stories* herausgebracht, also Gutenachtgeschichten für Erwachsene. Das ist eine einfache, aber sehr effektive Methode, um die Menschen dabei zu unterstützen, sich zu entspannen und loszulassen.

Beantworten Sie morgens als Erstes Ihre E-Mails?
Wenn es nicht ein Notfall ist oder wir gerade mitten in einer heißen Geschäftsphase sind, versuche ich, mein Smartphone nicht anzuschauen, bevor ich nicht das Haus verlassen habe und in einem Café sitze.

Die meisten Menschen beschäftigen sich schon mit Social Media und E-Mails, bevor sie überhaupt aufgestanden sind, aber das halte ich für keinen guten Start in den Tag. Ich glaube, dass es wichtig ist, morgens zunächst einmal die Gedanken wandern zu lassen und sich Tagträumen hinzugeben, bevor man in den dopamingetränkten Wahnsinn der Online-Welt gesogen wird. Ich habe normalerweise meine kreativsten Ideen unter der Dusche oder während ich mich für die Arbeit fertig mache, aber wenn ich gerade online etwas Trauriges oder Negatives gelesen habe, rasen meine Gedanken in eine ganz andere und weniger produktive Richtung!

Was tun Sie, wenn etwas dazwischenkommt?
Darüber mache ich mir keine Sorgen. Die Morgenstunden sind wichtig, weil sie uns auf den Tag vorbereiten, aber wenn wir sie zu strikt reglementieren, nehmen wir ihnen den Spaß und dann kann das Leben ganz schön langweilig werden. Wie bei den meisten Dingen im Leben ist es die richtige Balance, die wir spielerisch finden und verbessern sollten.

SUSAN PIVER

Autorin von *Start Here Now*, Meditationslehrerin

Den Morgen sanft und ruhig zu gestalten,
damit der Geist verträumt bleiben kann.

Wie sieht Ihr Morgen-Ritual aus?

Ich stehe zwischen halb fünf und halb sechs Uhr morgens auf. Früher habe ich mich nur um das gekümmert, was ich nun den Vordergrund nennen würde: Gedanken, Handlungen und Gewohnheiten. Die buddhistische Sichtweise, wie sie mir beigebracht wurde, besteht jedoch darin, sich gleichermaßen auf das zu konzentrieren, was in den Hintergrund gedrängt wird: auf tiefer liegende Motivation, den physischen Raum, den ich bewohne, Gefühle und Stimmungen und die Beschaffenheit des gegenwärtigen Augenblicks.

Um dies zu tun, versuche ich, meinen Morgen sanft und ruhig zu gestalten, damit mein Geist so lange wie möglich verträumt bleiben kann. Bevor ich aufstehe, denke ich an meine Lehrer. Ich rufe ein Bild ihrer Gesichter oder ein Gefühl ihrer Anwesenheit auf. Ich danke ihnen und erlebe, wie gut meine Beziehung zu ihnen mir tut. Ich bitte um ihren Beistand, was auch immer das bedeuten mag. Dann stehe ich auf, ziehe meinen Morgenrock an und gehe nach draußen zu meinem Büro, das sich in dem Apartment auf der gegenüberliegenden Seite des Innenhofes befindet, wo wir wohnen. Ich sage weder meinem Mann Guten Morgen, noch streichle ich die Katze oder lasse mich von irgendetwas aufhalten. (Da es so früh ist, sieht mich niemand in meinem Pyjama.) Dann schalte ich den Wasserkocher ein und mache mir eine große Tasse irischen Frühstückstee, den ich von einem Teeladen in der Sullivan

Street in New York City beziehe. Nur der Tee. Punkt. Während er zieht, nehme ich eine sehr kurze, kalte Dusche und »öffne« dann meinen Schrein, das heißt, ich zünde eine Kerze an und bringe meinen Vorfahren ein Teeopfer dar (was einfach bedeutet, dass ich eine kleine Tasse Tee auf den Altar stelle). Ich vergewissere mich, dass mein Arbeitsplatz im Wesentlichen aufgeräumt ist. Als Nächstes setze ich mich aufs Sofa, um in mein Tagebuch zu schreiben, dabei lasse ich meinen Gedanken vollkommen freien Lauf. Anschließend widme ich mich meinem täglichen Schreiben, das auf drei Regeln fußt, die da wären:

1. Mach es dir nicht zu leicht. (Bei der Arbeit, in der Liebe und vor allem bei meinen Meditationsübungen, die nicht aus cleveren Kniffen und Techniken zur Selbstverbesserung bestehen.)
2. Verbiete dir falsche Scham. (Wenn sie ihren mickrigen Kopf erhebt, ermahne ich mich dazu, ihr mit Güte zu begegnen.)
3. Schütze und hege deinen Körper. (Ich überlege, was ich essen werde und wann ich mich sportlich betätige.)

Schließlich schreibe ich etwas auf, was mir eines meiner Vorbilder über meine Arbeit gesagt hat. Das ist derart schmeichelhaft und nett, dass ich es hier nicht mitteilen möchte, aber ich erinnere mich gerne daran, dass er es gesagt hat. Jeden Tag. Es macht mich unsagbar glücklich.

Dann praktiziere ich eine Weile Sitzmeditation und danach eine spezielle Liturgie des Vajrayana-Buddhismus, mit der ich bereits seit 15 Jahren arbeite. An guten Tagen schreibe ich danach etwas. Irgendetwas. 500 Worte. An diesem Punkt endet das Ritual. Es mag nun etwa neun Uhr sein. Ich schaffe das gesamte Ritual an ungefähr 60 Prozent der Tage. Das würde ich wirklich gerne auf 80 Prozent steigern.

Und dann weiß ich gar nicht, was ich als Nächstes tun soll. Manchmal frühstücke ich, manchmal nicht. Manchmal treibe ich Sport, manchmal nicht. Es ist schon ärgerlich. Ich habe versucht, hier klarer zu werden, habe Bücher gelesen, Experten angeheuert, Orakel befragt und sogar meinen Wecker früher gestellt. Aber bei geradlinigen Methoden scheitere ich jedes Mal. Im Laufe der Jahre habe ich gelernt, dass es sinnvoller ist zu schauen, was ich entstehen lassen kann, statt mich zu zwingen, etwas zu schaffen. Es ist meine Überzeugung, dass ich einfach sitzen bleiben und abwarten muss. So funktioniert es bei mir am besten.

Ich bin sehr schwermütig. Das hat sich auf seine eigene merkwürdige Weise als sehr fruchtbar erwiesen. Schwermut ist tatsächlich ein sehr sanfter, offener und formbarer Zustand. In diesem Zustand habe ich leichter Zugang zu dem, was für mich Erfolg bedeutet: mehr Weisheit, Erkenntnis, Bedeutsamkeit, Kreativität und Liebe. Diese Qualitäten haben alle eines gemeinsam: Sie entstehen in einem Raum jenseits konventioneller Gedanken. Man kann sie nicht beherrschen. Deswegen ist Schwermut eine Art Pforte zum Erfolg jenseits von Susan, und das ist mein eigentliches Ziel.

Wie lange pflegen Sie dieses Ritual schon? Was hat sich geändert?
Seit mehr als zehn Jahren. Mein Morgen-Ritual ändert sich immer etwas, je nach den Jahreszeiten in New England. In den wärmeren Monaten schlafe ich weniger und verbringe mehr Zeit draußen. Ich fühle mich dann auch weniger schwermütig. Oder bin über andere Dinge traurig.

Gehört Meditation zu Ihrem morgendlichen Ritual?
Ich bin eine Buddhismus-Lehrerin mit einer Online-Meditations-Community. Unsere wesentliche Methode ist die Shamatha-

Vipashyana-Meditation oder Achtsamkeitsübungen. Ich stelle jede Woche Anleitungsvideos für fast 20 000 Menschen her. Jedem Video geht ein kurzer Vortrag voraus. Das ist meine Arbeit. Ein Großteil meines Tages dreht sich also um Meditation. (Das ist, nebenbei bemerkt, nicht immer gut.)

Wie fügt sich Ihr Partner in Ihr Morgen-Ritual ein?

Mein Mann ist sehr verständnisvoll, was mein Morgen-Ritual betrifft. Das hat einige Umstellung erfordert, weil er die Sorte von Mensch ist, der das Leben mehr genießt, wenn wir zusammen sind, und ich genieße das Leben mehr, wenn ich allein bin. In den letzten 20 Jahren haben wir uns dank seines großen Herzens so entwickelt, dass wir uns entgegenkommen. Zu meinem Geburtstag im letzten Jahr hat er mir ein Bild gekauft, auf dem ein kleines Haus auf einem großen, weiten Feld zu sehen ist. Auf die Leinwand hat der Künstler mehrmals geschrieben: »Lass mich allein, lass mich allein, lass mich allein.« Es hat mir ungemein viel bedeutet, dass er mein Wesen erkannt hat, obwohl es im Gegensatz zu seinem eigenen steht. Das war wirklich romantisch.

Was tun Sie, wenn etwas dazwischenkommt?

Ich versuche, mich deswegen nicht zu quälen, und finde es irgendwie auch herrlich, durchs Raster zu fallen. Ich erinnere mich dann an die Worte des tibetanischen Meditationsmeisters Chögyam Trungpa Rinpoche: »Die schlechte Nachricht ist, du fällst durch die Luft, ohne dich festhalten zu können, ohne Fallschirm. Die gute Nachricht ist, es gibt keinen Boden.« Wenn ich daran denke, entspanne ich mich.

NUN SIND SIE DRAN

»Meditation ist die größte Hilfe im Leben, die die meisten
Menschen nicht nutzen.«

RAVI RAMAN, KARRIERECOACH

Dieses Kapitel ist nicht dazu gedacht, eine umfassende Studie
über die Vorzüge von Meditation zu liefern oder die verschiedenen Meditationstechniken zu beschreiben, die uns zur
Verfügung stehen. Wir möchten stattdessen einige einfache
Wege aufzeigen, wie Sie Achtsamkeitsübungen in Ihr Morgen-
Ritual einbauen können, ganz gleich, wie beschäftigt Sie auch
sein mögen.

Wenn Sie noch nie in Ihrem Leben meditiert haben, über-
springen Sie bitte diesen Abschnitt nicht. Meditation ist in vielen verschiedenen Formen möglich, und es ist ein Fehler, sie ab-
zulehnen, nur weil Sie meinen, dass man zum Meditieren mit
gekreuzten Beinen auf einem Berggipfel sitzen muss. Meditation hat in den letzten Jahren aus einem wenig überraschenden
Grund wieder an Popularität gewonnen: Sie kann einen tief-
greifend positiven Einfluss auf Ihr Leben haben, besonders,
wenn Sie sie langfristig praktizieren. Meditation kann helfen,
Ihre Konzentration zu verbessern und beim Betrachten eines
Problems klarer zu sehen. Sie kann Sie dabei unterstützen, aus
dem Trott herauszukommen, und Ihre Augen für eine Welt öffnen, von der Sie immer wussten, dass sie existiert, aber es
irgendwie vergessen hatten. Und sie kann Ihnen helfen, Stress
zu vermindern und Ihren Schlaf zu verbessern. So sagt der
Nachrichtenkorrespondent und Meditationsbefürworter Dan

Harris, dass Meditation zwar »nicht alle Probleme in Ihrem Leben lösen kann, [sie wird] Sie nicht größer machen oder [aller Voraussicht nach] auf einer Parkbank in einen Zustand der Glückseligkeit versetzen. Aber sie kann Sie zehn Prozent glücklicher machen, wenn nicht sogar viel mehr.«

Maria Konnikova meint: »Meditation ist eine gute Möglichkeit, seine Gedanken zu ordnen. Ich empfehle sie jedem, der Klarheit und Konzentration sucht.« Und David Moore sagt: »Die Meditation ist für mich bei Weitem der liebste Punkt am Morgen, weil ich bewusst bestimme, was ich erreichen möchte.«

Meditation gibt es in vielen Formen, und es liegt an Ihnen, herauszufinden, welche Art der Meditation Ihnen am besten entspricht. Wir reden hier nicht von den relativen Vorteilen von Transzendentaler Meditation gegenüber Zazen oder Vipassana-Meditation gegenüber Metta-Meditation, sondern eher von der einfachen Übung der Achtsamkeit (der Akt, seine Gedanken zu ordnen und sich auf die Gegenwart zu konzentrieren) auf dem täglichen Weg zur Arbeit oder während des morgendlichen Laufens oder, falls Sie die Zeit finden, von der fünf- bis zehnminütigen Übung im Sitzen. Darya Rose etwa sagt über ihr Ritual: »Meditation hat einen großen Einfluss auf meine Fähigkeit, mich zu konzentrieren, und auf mein allgemeines Wohlbefinden. Ich fühle mich weniger erschöpft.« Dieser Abschnitt dient dazu, Ihnen zu zeigen, wie leicht es ist, Achtsamkeit in Ihr Morgen-Ritual einzubauen, wenn Sie es nur zulassen.

Sie werden sehen, dass Sie dadurch mehr Energie gewinnen.

SUCHEN SIE MEDITATIVE MOMENTE IM ALLTAG

Wenn Sie noch nicht so weit sind, eine vollständige Meditationsübung durchführen zu wollen, dann suchen Sie meditative Momente in ansonsten ganz alltäglichen Situationen.

»Ich zerkleinere Teeblätter von Hand und warte, während sie ziehen. Das ist das, was der Meditation am nächsten kommt. Der manuelle Prozess des Schneidens, Zerkleinerns und das Ziehen der Blätter, das weckt alle meine Sinne.«

VANESSA VAN EDWARDS, VERHALTENSFORSCHERIN

Sie können Ihre meditativen Momente finden, wenn Sie am Morgen das Frühstück zubereiten, Ihre Kaffeebohnen mahlen oder Ihren Tee ziehen lassen. Der ehemalige Luft- und Raumfahrtingenieur Amit Sonawane beschreibt es so: »Meditation bedeutet einfach, ganz bewusst und konzentriert zu sein. Ich bin das, wenn ich eine frische Kanne Kaffee aufsetze (der Geruch, das Gefühl des kalten Wassers, wenn ich die Kanne ausspüle, der sanfte, warme Dampf auf meiner Haut, wenn ich einen Schluck Kaffee nehme).« Wenn Sie später daraus eine vollständige Meditationsübung machen wollen, können Sie diese alltäglichen Prozesse nutzen, um Ihre Übung zeitlich einzuteilen. Computerprogrammierer Manuel Loigeret bemerkt: »Während das Wasser kocht, setze ich mich hin und meditiere zehn Minuten lang.« Wenn Sie für eine dieser Aufgaben schon einen Timer gestellt haben, umso besser.

MEDITIEREN SIE BEIM MORGENLAUF ODER AUF DEM WEG ZUR ARBEIT

Es heißt, dass Laufen so etwas ist wie Meditation in Bewegung, und das scheint sich immer wieder zu bestätigen, wenn wir mit Menschen darüber reden. Im Laufe der Jahre, in denen wir Hunderte von Menschen für unsere Webseite interviewt haben, konnten wir feststellen, dass viele ihren Morgenlauf oder ihren

Weg zur Arbeit mit öffentlichen Verkehrsmitteln als eine Form der Meditation betrachten. Facebook-Produktdesigner Daniel Eden erklärt: »Die Leute schimpfen oder wundern sich über [mein] Pendeln zur Arbeit, aber ich mag es, da ich genötigt bin, mich auf mich selbst zu besinnen.«

Alle möglichen sportlichen Betätigungen am Morgen können meditativ sein, aber das Laufen scheint für meditative Gedanken besonders geeignet zu sein. Und obwohl die Fahrt zur Arbeit in öffentlichen Verkehrsmitteln auf den ersten Blick als nicht gerade beruhigendes Unterfangen erscheint, gibt es gute Argumente für das Tragen von Kopfhörern, ob Sie damit nun vorproduzierte Meditationsanleitungen anhören oder irgendetwas anderes, um Geräusche fernzuhalten und für eine Weile der Außenwelt zu entfliehen.

ÜBERLEGEN SIE GUT, WAS SIE NACH DEM MEDITIEREN TUN

Sie werden sich erinnern, dass eine der Säulen, um sich ein neues Morgen-Ritual aneignen zu können, darin besteht, dass Sie in der Lage sind, jedes Element (oder jede Gewohnheit) innerhalb Ihres Rituals als Anstoß für das Element zu nutzen, was im Anschluss folgt.

Wenn Sie sich für Ihre eigene morgendliche Meditationsübung entschieden haben, tun Sie gut daran, dieser etwas folgen zu lassen, bei dem Sie aus den Erkenntnissen profitieren, die Sie während Ihrer Meditation gewonnen haben. Der Yogalehrer und Mitbegründer von Bad Yogi, Erin Motz, merkt dazu an: »Ich meditiere zehn Minuten lang und nehme mir dann gleich einen Stift und schreibe etwas auf … Es ist normalerweise das, was man Bewusstseinsstrom nennt, oder ich notiere alles zu einem Thema, was mir zufällig durch den Kopf geht.« Ganz ähnlich formuliert es die Sängerin und Songwriterin

Sonia Rao: »Ich meditiere jeden Morgen 30 Minuten lang und schreibe dann weitere 30 Minuten assoziativ irgendetwas auf. Ich bin mir nicht sicher, welche Art von Meditation das ist, aber ich sitze einfach am Kopfende meines Bettes und konzentriere mich auf meine Atmung.«

BAUEN SIE MOMENTE DER ACHTSAMKEIT IN IHREN TAGESABLAUF EIN

Ob Sie nun morgens eine bestimmte Meditationsübung verfolgen oder nicht, bemühen Sie sich generell, im Laufe Ihres Morgens oder Ihres Tages kleine Pausen und Unterbrechungen einzubauen, die Sie der Achtsamkeit widmen, um präsent und konzentriert zu bleiben.

> »Das Tagebuchschreiben ist meine Meditation. Wenn ich etwas in mein Tagebuch notiere, bekomme ich den Kopf frei, und es hilft mir, Dankbarkeit zu empfinden. Ohne meine tägliche Praxis des Tagebuchschreibens wäre ich kaum so dankbar und voller Lebensfreude.«
>
> TAMMY STROBEL, AUTORIN UND FOTOGRAFIN

Für diejenigen, die Unterbrechungen während des Tages als Ärgernis wahrnehmen, hat Melody Wilding einen Rat: »Achtsamkeit hat so viele Vorteile, dass ich großen Wert darauf lege, während des Tages Zeit zum Reflektieren zu finden, selbst wenn es nur kleine Momente sind. Wenn ich in einer Warteschlange stehe oder die U-Bahn Verspätung hat, ärgere ich mich nicht, sondern betrachte das als Möglichkeit, nachzudenken und mich darin zu üben, mich präsent und im Hier und Jetzt zu fühlen.«

NEHMEN SIE IHRE ÜBUNGEN NICHT ZU ERNST

Eine voll strukturierte Übung baut sich mit der Zeit auf, wenn Sie das wollen, aber lassen Sie keinen Leistungsdruck in Ihren Meditationsübungen aufkommen. Yogalehrerin Gracy Obuchowicz bemerkt: »Ich habe diverse Arten von Meditation studiert, aber keine zu ernsthaft. Meistens sitze ich nur und gehe meinen Gedanken und Empfindungen nach. Meine Gedanken wandern und ich komme dann wieder zu mir selbst zurück. Meine Übung ist nichts Besonderes, aber [sie] scheint ihren Zweck zu erfüllen, um mich in der Balance zu halten.«

Ihre Meditationsübung muss nicht die eine oder andere Form haben und Sie müssen auch nicht den Regeln von jemand anderem folgen. Sie wissen selbst am besten, was für Sie beruhigend und meditativ ist.

ANDERERSEITS ...

Es gibt keinen Einwand dagegen, meditative Momente im Laufe Ihres Tages wahrzunehmen. Wenn Sie keine Zeit oder Lust haben, eine Meditationsübung am Morgen durchzuführen, dann ist es von Vorteil, Momente der Achtsamkeit und Reflexion zu anderen Tageszeiten zu nutzen. Ingenieur Andrew Caldwell bringt das perfekt auf den Punkt: »Wenn der Fluss ruhig ist und die Sonne aufgeht, braucht man sich bloß ein wenig Zeit nehmen, um still zu sein und richtig zu atmen ... das könnte sich schon auszahlen.«

KAPITEL 5

ABEND-RITUALE

IHR MORGEN-RITUAL
BEGINNT AM ABEND ZUVOR

CLARK, GIBT ES IRGENDETWAS,
DAS DU MIR SAGEN WILLST?

D ie meisten Menschen verbringen ihre Abende damit, die Stunden verstreichen zu lassen, bis sie schließlich gelangweilt genug sind, um ins Bett zu gehen. Wenn nicht gerade ein gesellschaftliches Ereignis oder eine dringende Deadline bei der Arbeit ansteht, zögern wir es meistens hinaus, ins Bett zu gehen, weil wir wissen, dass unsere Freizeit sich damit dem Ende zuneigt.

Die Lösung besteht nicht darin, sich zu quälen, sondern ein Abend-Ritual zu entwickeln, das Ihnen hilft, sich von den Verantwortlichkeiten des Tages zu lösen und für einen gelungenen Start am nächsten Morgen zu sorgen.

In diesem Kapitel sprechen wir (unter anderem) mit dem Gründer und Präsidenten von Bob's Red Mill, Bob Moore, darüber, dass das Lesen von historischen Biografien vor dem Zubettgehen manchmal schlaffördernd und manchmal hinderlich ist; mit dem Mathematiklehrer José Luis Vilson darüber, wie wichtig es ist, abends geistig zur Ruhe zu kommen; und mit der Autorin und Sprecherin Jenny Blake darüber, dass das Fernsehen bis spät in die Nacht es nicht wert ist, dafür sein Morgen-Ritual zu opfern …

DAVID KADAVY

Autor von *The Heart to Start*, Podcast-Moderator

Wenn das Abend-Ritual einem hilft, morgens klarer zu denken.

Wie sieht Ihr Morgen-Ritual aus?

Ich bin kein Morgenmensch, und deshalb ist der frühe Morgen meine problematischste kreative Phase. Die Forschung hat ergeben, dass die Zeiten, in denen man nicht voll da ist, ideal sind für erkenntnisreiche Gedanken. Daher ist es mein großes Ziel, morgens das Beste daraus zu machen, dass ich noch nicht ganz bei Sinnen bin. Ich wache ohne Wecker auf, normalerweise gegen acht Uhr. Idealerweise meditiere ich zehn Minuten lang, doch meistens bin ich zu gierig darauf, mit der Arbeit zu beginnen. Ich stelle meinen Computer auf ein Bücherregal, sodass ich im Stehen arbeiten kann, stecke mir Ohrstöpsel rein und verbringe die erste Stunde des Tages mit meinem wichtigsten Projekt. Normalerweise werden aus der einen Stunde ungefähr zwei Stunden ununterbrochene Arbeit.

Wie lange pflegen Sie dieses Ritual schon? Was hat sich geändert?

In den vergangenen sechs Monaten habe ich meine erste Stunde peinlich genau beibehalten, aber es ist schon seit ungefähr drei Jahren meine Priorität, morgens erst einmal zu arbeiten.

Ich hatte zunächst das Ziel, als Erstes morgens zehn Minuten an einem Projekt zu arbeiten. Dabei nehme ich mir immer ein Ziel vor, das spielend leicht zu erreichen ist, so kann ich mich selbst überlisten, mehr zu arbeiten. Da ich mich mittlerweile besser konzentrieren kann, ist eine Stunde ein ziemlich leicht zu erreichendes Ziel für mich.

Was tun Sie, um sich schon abends auf den Morgen vorzubereiten?

Je mehr ich am Abend zuvor entspanne, desto besser funktioniert morgens mein Gehirn. An einem perfekten Abend habe ich schon gegen 22 Uhr alle Bildschirme ausgeschaltet oder trage eine Blaulichtfilterbrille. Ich versuche auch, mich ab dieser Zeit nicht mehr mit Social Media zu beschäftigen oder Dinge zu tun, die mich an etwas anderes als meine engsten Freunde und die Familie denken lassen. (Die Ausnahme bilden Dinge, die mehr Zeit brauchen, wie Bücher.) Ich schau mir noch gerne eine Fernsehsendung oder ein paar Videos an, aber nach 23 Uhr versuche ich, mich nur mit ruhigeren Dingen wie Büchern zu beschäftigen. Ich gehe schlafen, bevor ich zu müde bin, und sitze gerne noch mit Licht im Bett und starre erst einmal die Wand an. Ich lasse mir dann noch einmal die Dinge durch den Kopf gehen, die tagsüber passiert sind, und denke darüber nach, was ich am nächsten Tag tun werde. Erst wenn meine Augenlider schwer werden, ziehe ich die Schlafmaske auf, stecke mir Ohrstöpsel rein und schalte das Licht aus. Ich habe festgestellt, dass ich schlechter einschlafen kann, wenn ich die Augen schließe, bevor mir die Lider schwer werden.

Gehört Meditation zu Ihrem morgendlichen Ritual?

Ich versuche, jeden Morgen zehn Minuten lang zu meditieren (manchmal dehne ich es auch auf eine halbe Stunde aus). Ich konzentriere mich zuerst auf meine Atmung, und dann suche ich meinen Körper nach verspannten Stellen ab, die ich dann zu entspannen versuche.

Behalten Sie Ihr Ritual auch an den Wochenenden bei?

An Wochentagen ist es meine oberste Priorität, mit der Arbeit voranzukommen. An Wochenenden ist es meine oberste Priorität, für kurze Zeit an die frische Luft zu kommen. Ich plane die kommende Woche sonntagnachmittags, oft muss ich auch an den Samstagen mein Leben und meine Reisen organisieren. Im Allgemeinen arbeite ich nicht an den Wochenenden, es sei denn, ich beiße mir wirklich an einem Projekt die Zähne aus.

JENNY BLAKE

Autorin von *Pivot*, Sprecherin

Wenn das Abend-Ritual schon um 15 Uhr beginnt.

Wie sieht Ihr Morgen-Ritual aus?

Wenn ich idealerweise mindestens sieben bis neun Stunden Schlaf bekomme, stehe ich vor Sonnenaufgang auf (fünf bis sechs Uhr ist traumhaft), aber manchmal wird es eher sieben oder acht Uhr. Ich liebe es, Sachbücher zu lesen, bei Kerzenlicht, ein bis zwei Stunden, bevor die Sonne aufgeht. Anschließend meditiere ich zwischen 20 und 25 Minuten, bevor ich in den Tag starte. Ab und zu gehe ich 20 Minuten laufen, um an die frische Luft zu kommen und den Endorphinspiegel zu steigern, doch normalerweise hebe ich mir meine sportlichen Betätigungen für später am Tag auf.

Wie lange pflegen Sie dieses Ritual schon? Was hat sich geändert?

Ich halte mich bereits an eine Variante dieses Rituals, seitdem ich selbstständig arbeite, nachdem ich vor sechs Jahren Google verlassen habe.

Ich habe sehr schnell festgestellt, dass mein Körper – und im weiteren Sinne meine Rituale – der Treibstoff für meine Arbeit ist. Wenn ich aus Mangel an Schlaf oder Sport nur mit fünfzigprozentiger Effizienz funktionieren würde, dann würde das, da ich die einzige Angestellte bin, auch für meine Firma gelten. Das könnte ich nicht akzeptieren! Ganz zu schweigen davon, dass ich das nicht durchhalten würde. Erfolg hat für mich genauso viel damit zu tun, wie ich meine Firma und mein Leben führe, wie damit, woran ich arbeite. Ich habe den Spruch »Dein Körper ist deine Firma« zu meinem Motto gemacht – körperliche Gesundheit und Vitalität haben bei mir absolute Priorität. Yoga, Meditation, Pilates, Spaziergänge, gesundes Essen und genügend Schlaf sind für mich feste Größen. Diese Elemente meiner Glücksformel sind es, die mir maximale Energie und Kreativität bringen.

Um wie viel Uhr gehen Sie schlafen?

Wenn ich mir selbst überlassen bin, gehe ich schon gerne früh um 20:30 Uhr schlafen, worüber sich viele meiner Freunde lustig machen. Ich bin das Gegenteil von einem Vampir. Wenn ich bei einer Veranstaltung oder einem Abendessen mit Freunden war, gehe ich meistens gegen 22 oder 23 Uhr schlafen. Ich freue mich so sehr auf einen ruhigen Morgen, bevor der Rest der Welt erwacht, dass ich der Zeit, wann ich schlafen gehe, große Bedeutung zuweise. Ich habe keine Angst, auf nächtlichen Partys irgendetwas zu verpassen, ich bevorzuge strahlende Morgenstunden, die ich versäumen würde, wenn ich zu lange aufbliebe.

Was tun Sie, um sich schon abends auf den Morgen vorzubereiten?

Ich beginne, mich für den Abend zu entspannen, sobald ich nachmittags das Haus verlasse, um zum Yoga oder mit einem Freund spazieren zu gehen. Das bedeutet, dass ich nicht mehr auf E-Mails antworte (es sei denn, ich habe Lust dazu oder es gibt etwas besonders Dringendes), und ich setze mich auch nicht unter Druck, sie mir nach 17 Uhr überhaupt noch anzusehen. Gegen 18 oder 19 Uhr esse ich zu Abend, schaue mir eine Fernsehsendung an, lese noch ein wenig und gehe dann schlafen.

Diejenigen Abende sind mir besonders lieb, an denen ich noch daran denke, meinen Katalog an Entspannungsfragen durchzugehen, wenn ich meinen Kopf aufs Kissen lege. Die Fragen helfen mir, meinen Kopf frei zu bekommen und oft auch schnell einzuschlafen. Hier sind sie: Was war mein Highlight des Tages? Was mein Tiefpunkt? Worauf bin ich besonders stolz oder was möchte ich feiern? Für welche (eine oder mehrere) Sache bin ich dankbar? Welcher nicht beantworteten Frage muss ich mich stellen?

Benutzen Sie einen Wecker, um aufzuwachen?
Ich benutze keinen Wecker, außer wenn ich einen Flieger erwischen muss. Vor zehn Uhr (lieber noch elf Uhr) plane ich auch keine Meetings oder Coaching-Telefonate, denn ich möchte das Gefühl vermeiden, aus dem Bett stürzen zu müssen, um den Tag zu beginnen. Ich denke, mein Körper ruht sich so lange aus, wie er es braucht.

Haben Sie morgens ein bestimmtes Trainingsprogramm?
Mit Sport belohne ich mich später am Tag. Ich arbeite sehr fleißig und konzentriert von zehn Uhr bis etwa 15 Uhr, dann gehe ich eine Runde spazieren, zu einem Yoga-Kurs oder einem Pilates-Training.

Häufig treffe ich mich mit einem Freund zum Kaffee oder Abendessen, entweder als Kombination mit einer dieser Aktivitäten oder hinterher. Am liebsten treffe ich mich mit Freunden, um mich bei einem Spaziergang zu unterhalten, dabei kann man viel besser reden und es hat den zusätzlichen Vorteil, dass man sich bewegt.

Gehört Meditation zu Ihrem morgendlichen Ritual?
Meditation ist meine Medizin! Es ist das Beste, was ich für meinen Tag tun kann, und es hilft mir, mich entspannt, dankbar,

geerdet, zielgerichtet und kreativ zu fühlen. Normalerweise meditiere ich mindestens 20 Minuten lang. Ich praktiziere keinen speziellen Stil, sondern verändere das von Tag zu Tag.

Im Laufe der Jahre habe ich die Zeitspanne, die ich der Meditation einräume, nach und nach gesteigert. Früher waren es zehn bis 20 Minuten am Tag (manchmal auch nur fünf), bis ich festgestellt habe, dass es wirklich das Wichtigste ist, was ich an einem Tag machen kann, nicht irgendetwas, was man mal dazwischenschiebt. Es löst Probleme viel schneller, als wenn man sie den ganzen Tag im Kopf wälzt.

Beantworten Sie morgens als Erstes Ihre E-Mails?
Eine meiner schlimmsten Angewohnheiten war es früher, meine E-Mails gleich nach dem Aufwachen im Bett zu lesen. Was für eine fürchterliche Art, den Tag zu beginnen! Ich fühlte mich schon gestresst und gereizt, bevor ich aufgestanden bin. Jetzt bemühe ich mich, mein Telefon nicht in der Nähe des Nachttisches zu haben, und schaue erst nach meinen E-Mails, wenn ich bereits ein bis zwei Stunden an meinen wichtigsten Projekten des Tages gearbeitet habe.

NIR EYAL

Verhaltensforscher, Autor von *Hooked*

Wenn man den ganzen Tag voller Enthusiasmus die neueste Technologie nutzt und abends die Internetverbindung kappt.

Wie sieht Ihr Morgen-Ritual aus?
Ich nutze während des Tages viel Technik und verwende zahlreiche Hilfsmittel, um Dinge zu messen, die mir wichtig sind. Schlaf zum Beispiel ist mir sehr wichtig.

Jeden Morgen gegen sieben Uhr weckt mich ein Smart-Timer. Er hat eine kleine Vorrichtung, die ich an meinem Kissen befestige und die über Bluetooth mit einem kleinen Empfänger verbunden ist. Wenn der Timer registriert, dass ich mich gegen sieben Uhr bewege, weckt er mich innerhalb von 30 Minuten, also wache ich manchmal schon um halb sieben auf, manchmal ein bisschen später. Ich stehe auf, sage meiner Frau Guten Morgen, gehe ins Bad und werfe einen kurzen Blick aufs Telefon. Dann mache ich mir Kaffee und setze mich noch mit meiner Familie zusammen, bevor ich loslege und mit dem Schreiben beginne.

Wie lange pflegen Sie dieses Ritual schon? Was hat sich geändert?
Ich bin schon immer gegen sieben Uhr morgens wach geworden, solange ich mich erinnern kann. Und ich versuche ständig, mein Morgen-Ritual zu verbessern. Momentan experimentiere ich damit, das Frühstück auszulassen. Damit habe ich vor vier Monaten begonnen, um zu sehen, wie das meinen Alltag beeinflusst.

Um wie viel Uhr gehen Sie schlafen?
Um 22 Uhr liege ich im Bett. Das Internet schaltet sich ungefähr zur selben Zeit ab; ich habe einen Router, der punktgenau die Internetverbindungen zu vielen meiner Geräte abschaltet. Gegen 23 Uhr schlafe ich dann.

Was tun Sie, um sich schon abends auf den Morgen vorzubereiten?
Ich mag es, wenn mein Schreibtisch aufgeräumt ist. Das hilft mir − genauso wie das Kaffeekochen und die Zeit mit meiner Familie. Wenn ich irgendetwas auf meinem Schreibtisch liegen habe, dann lasse ich mich leicht davon ablenken, also räume ich immer alles weg.

Was sind Ihre wichtigsten Aufgaben am Morgen?

Meine wichtigste Aufgabe ist es, meine Tochter und meine Frau liebevoll zu begrüßen. Es ist uns sehr wichtig, uns im Laufe des Tages immer wieder unsere Zuneigung zu zeigen, deswegen ist es unser Ritual, dass wir uns jeden Morgen umarmen, küssen, Guten Morgen sagen und unsere gegenseitige Liebe bekunden.

Was tun Sie, wenn etwas dazwischenkommt?

Ich habe ein paar Dinge, die wichtig für mich sind und die ich jeden Tag abhake. Vor meinem Schreibtisch steht ein großes Whiteboard, auf dem alle meine Programmpunkte stehen. Dazu gehören: fünf Tage die Woche zwei Stunden schreiben, vier Tage die Woche ins Fitnessstudio gehen, zwei Tage die Woche mit meiner Frau spazieren gehen und fünf Tage die Woche 20 Seiten in dem Buch lesen, das ich gerade in der Mache habe.

All diese Dinge erledige ich während des Tages, nicht nur morgens, und ich mache einen kleinen Haken dahinter, damit ich sehen kann, was ich geschafft habe. Wenn etwas dazwischenkommt, versuche ich, die jeweilige Tätigkeit später in der Woche nachzuholen, sodass ich sicher sein kann, dass ich in dem jeweiligen Zeitraum alles getan habe.

JOSÉ LUIS VILSON

Mathematiklehrer, Autor von *This Is Not a Test*

Wenn man sich morgens Jay-Z und Daft Punk reinzieht und abends einen Kamillentee.

Wie sieht Ihr Morgen-Ritual aus?

Ich wache um halb sechs Uhr auf. Dann trinke ich ein Glas Wasser, esse mein Müsli, ziehe mich an und eile aus dem Haus zur Arbeit. Manchmal nehme ich den Bus zum U-Bahnhof, manchmal gehe ich zu Fuß, je nachdem, wie viel Zeit ich habe. In der Bahn höre ich Musik, die zu meiner Stimmung passt. Bin ich gut gelaunt, höre ich mir etwas von Jay-Z oder Daft Punk an, aber wenn ich schräg drauf bin, versuche ich es lieber mit Kendrick Lamar oder Radiohead. Liege ich irgendwo dazwischen, ist die Musik von *Hamilton* genau das Richtige.

Nach dem Aussteigen schnappe ich mir eine kleine Tasse Kaffee und bereite mich mental auf den Unterricht vor. Ich denke über die Schüler in meiner Klasse nach, welches Thema dran ist und was ich an diesem Tag noch zu tun habe. Ich habe festgestellt, dass mein Elan davon abhängt, welche Klasse ich zuerst und zuletzt habe und ob ein Test oder eine Klausur ansteht. In dem Fall muss ich mich erst einmal wachrütteln oder dehnen. Ich atme dann ein paar Mal tief durch so wie bei einer Meditation.

Wie lange pflegen Sie dieses Ritual schon? Was hat sich geändert?
Ich halte mich schon seit fast zehn Jahren in etwa an dieses Ritul. In mancher Hinsicht ist es besser geworden, in mancher Hinsicht schlechter. Als ich noch weiter entfernt von der Schule gewohnt habe, hatte ich mehr Zeit, in der U-Bahn Bücher zu lesen und Arbeiten zu korrigieren. Auf der anderen Seite komme ich jetzt früher in der Schule an und habe mehr Zeit, um mich auf die Schüler vorzubereiten.

Um wie viel Uhr gehen Sie schlafen?
Gegen 22:30 Uhr. Wenn ich später ins Bett gehe, ist klar, dass der nächste Tag nicht gut wird.

Was tun Sie, um sich schon abends auf den Morgen vorzubereiten?

Ich trinke normalerweise eine Tasse Kamillentee, damit ich besser schlafen kann. Ich koche Wasser auf und tue dann noch etwas Honig in den Tee, um ihn ein bisschen zu süßen. Das beruhigt mich und versorgt mich über Nacht mit ausreichend Flüssigkeit. Ich versuche auch, mich von dem, was am Tag passiert ist, zu lösen. Es ist nicht gut, mit Ärger, Wut oder ähnlichen Gefühlen schlafen zu gehen.

Benutzen Sie einen Wecker, um aufzuwachen?

Ich benutze einen Wecker, um wach zu werden, aber ich wache meistens schon sieben Minuten bevor der Wecker klingelt auf. Der Wecker steht in der Küche. Er ist eigentlich laut genug, dass ich ihn höre. Dann muss ich aufstehen und in Bewegung kommen, sodass ich nicht wieder einschlafe. An Schultagen drücke ich die Schlummertaste nicht.

Haben Sie morgens ein bestimmtes Trainingsprogramm?

Nein. Da ich in New York City lebe, muss ich schon 3000 Schritte gehen, bevor ich überhaupt zur Arbeit komme.

Behalten Sie Ihr Ritual auch an den Wochenenden bei?

An den Wochenenden muss ich nicht unterrichten. Dann schlafe ich vielleicht ein bisschen länger und nehme mir mehr Zeit fürs Frühstück. Ich schaue mir auch die Nachrichten an oder gucke gemeinsam mit meinem Sohn die *Sesamstraße*. Ich beantworte auch meine E-Mails ausführlicher. Ich schlafe an den Wochenenden eigentlich nicht viel länger, aber ich gönne mir ein paar Stunden Auszeit, wo ich kann.

BOB MOORE

Gründer und Präsident des Unternehmens Bob's Red Mill

Wenn man viel zu tun und mit zu vielen Bällen gleichzeitig jonglieren muss.

Wie sieht Ihr Morgen-Ritual aus?

Ich stehe jeden Morgen ziemlich genau um sechs Uhr auf. Auch samstags und sonntags schlafe ich nicht viel länger, sodass ich an den Wochenenden normalerweise um dieselbe Zeit auf bin.

Als Präsident von Bob's Red Mill Natural Foods habe ich einen sehr interessanten Job. Wir haben hier in Milwaukie, Oregon ungefähr 500 Angestellte, die in drei Schichten rund um die Uhr arbeiten. Da herrscht also ein sehr reger Betrieb – wir stellen Vollkornprodukte her, die in die ganze Welt geliefert werden. Für mich ist es immer faszinierend, frühmorgens oder spätabends in die Firma zu kommen, durch den Betrieb zu laufen und kurz mit den Leuten zu reden. Darum dreht sich mein Leben.

Wie lange pflegen Sie dieses Ritual schon? Was hat sich geändert?

Ich war die meiste Zeit meines Lebens Geschäftsmann. Mit 25 habe ich meine erste Autowerkstatt und Tankstelle eröffnet. Ich war schon immer ein Frühaufsteher, ich stehe schon seit 25 oder 30 Jahren um sechs Uhr auf. Wenn man sich selbstständig macht und Leute einstellt, muss man in erster Linie ein Beispiel für die Angestellten sein. Da kann man nicht einfach faulenzen.

Um wie viel Uhr gehen Sie schlafen?

Ich gehe nicht so früh schlafen, wie ich sollte. Mein ganzes Leben lang bin ich in Gefahr gewesen, mich zu übernehmen, und es gibt Zeiten, in denen ich vollkommen erschöpft bin, also versuche ich, spätestens so gegen 22 Uhr im Bett zu sein. Wenn ich um 21:30 oder 21:45 schlafe, bin ich froh, denn dann bekomme ich acht Stunden Schlaf.

Was tun Sie, um sich schon abends auf den Morgen vorzubereiten?

Ich habe viel zu tun, bevor ich ins Bett gehe. Ich muss duschen, meine Anziehsachen für den nächsten Tag rauslegen und ich lese gerne noch.

Ich interessiere mich für Biografien und Geschichte, und ich verbringe jeden Tag gern eine gewisse Zeit mit dem Lesen von Dingen, die mich interessieren. Im Moment fasziniert mich Churchill, und ich habe ein wunderbares Buch von seiner jüngsten Tochter Mary Soames. Sie hat eine Autobiografie geschrieben, in der es auch um ihren Vater und gemeinsame Aktivitäten geht, besonders während der Auseinandersetzungen mit den Achsenmächten im Zweiten Weltkrieg. Wenn ich aber erst einmal anfange, so etwas zu lesen, nimmt es mich ganz gefangen und dann fällt es mir schwer, in den Schlaf zu finden. Häufig wache ich dann gegen 22:30 oder 23 Uhr wieder auf und merke, dass ich beim Lesen eingeschlafen bin.

Somit hält das Lesen mich erstaunlicherweise oft eher wach, als dass es mir hilft einzuschlafen. Neben meinem Bett liegt immer ein Buch und ich kann es kaum abwarten, abends darin zu lesen, besonders in diesem hier von Mary Soames. Letzte Woche bin ich tatsächlich mindestens zweimal um zwei Uhr morgens wach geworden und habe darin gelesen, weil es mich derart fasziniert. Ich bin ja alt genug, um mich an den Zweiten Weltkrieg und die Dinge, die damals passiert sind, erinnern zu können, und sie weckt interessante Erinnerungen und berührt wunde Punkte, sodass es mir schwerfällt, es beiseitezulegen.

Wie viel Zeit vergeht zwischen dem Aufwachen und dem Frühstück?

Ich bin nicht jemand, der aus dem Bett springt und sofort frühstücken muss, aber wenn ich frühstücke, dann normalerweise eines meiner Vollkornmüslis. Denn ich bin absolut überzeugt davon, dass ein warmes Vollkornmüsli ideal ist, um damit den Tag zu beginnen, und ich halte es für einen Grundpfeiler für ein langes und gesundes Leben ist. Das sieht man ja an mir und ich glaube fest daran. Mir fehlt etwas, wenn ich morgens aufstehe und Umstände wie Reisen es mir erschweren, das zu frühstücken, was ich möchte.

Haben Sie morgens ein bestimmtes Trainingsprogramm?

Ich gehe viel zu Fuß. Hier auf dem Betriebsgelände haben wir eine Fläche von etwa 30 000 Quadratkilometern, da laufen wir viel. Na ja, zumindest reden wir viel darüber, dass wir laufen … Ehrlich gesagt würde ich nichts Wertvolles darauf verwetten. Ganz so regelmäßig laufe ich vielleicht doch nicht.

Wann checken Sie Ihr Telefon?

Andauernd. Ich schreibe gewöhnlich auf meinem Handy, und zwar richtig lange Nachrichten, ich komme mit dem Tippen darauf sehr gut zurecht. Ich verschicke niemals eine Nachricht mit Tippfehlern, niemals. Ich lese sie noch einmal Korrektur und vergewissere mich, dass alles richtig ist, bevor ich sie verschicke. Ich achte darauf, dass jede Mitteilung, die ich versende, grammatikalisch korrekt ist.

Was sind Ihre wichtigsten Aufgaben am Morgen?

Ich überlege, welche Schuhe ich anziehen soll. Auch wenn ich meine Anziehsachen am Abend vorher herausgelegt habe, muss ich ja noch entscheiden, welche Schuhe, welchen Mantel und welchen Hut ich tragen soll. Ich setze immer einen Hut auf. Ich besitze ungefähr 100 Hüte und habe meine Schuhe immer in doppelter Ausfertigung, in Schwarz und Braun, und meine Gürtel sind schwarz und braun. Ich stimme das gern aufeinander ab. Wenn ich einen braunen Gürtel trage, dann wähle ich auch passende braune Schuhe. Fahre ich bei kühlem Wetter mit einem Cabriolet zur Arbeit, dann nehme ich einen Mantel.

Welches Getränk nehmen Sie als Erstes morgens zu sich und wann genau?
Sobald ich in den Betrieb komme, schnappe ich mir eine Tasse Kaffee. Ich liebe Kaffee. Es gibt nichts, was ich lieber mag als Kaffee. Wenn ich in der Fabrik angekommen bin, gehe ich runter in die Mitarbeiterkantine, nehme mir einen Kaffee und setze mich ans Klavier. Dort warte ich auf Nancy (meine Sekretärin). Und ich spiele Klavier. Wir haben zwei Klaviere nebeneinander stehen, und wenn Nancy da ist und hört, dass Klavier gespielt wird, marschiert sie durch die Tür, kommt herüber und setzt sich neben mich an das zweite Klavier. Dann spielen sie und ich ungefähr 20 Minuten lang. Wir spielen eine Art Dixieland-Jazz und Ähnliches.

Was tun Sie, wenn etwas dazwischenkommt?
Das stört mich nicht. Damit kann ich umgehen. Wenn man schon auf die 90 zugeht, sollte man flexibel sein. Ich habe so viele Interessen, kann mich hinsetzen und lesen, kann Klavier spielen, habe etliche wunderbare Menschen, mit denen ich nun schon seit 30 oder 40 Jahren zusammenarbeite und die meine Vorlieben ganz genau kennen. Das ist doch hervorragend. Ich habe wirklich keine Probleme.

NUN SIND SIE DRAN

>»Die Küche ist immer aufgeräumt und die Wohnung ordentlich,
bevor wir zu Bett gehen. Das ist nicht immer ganz leicht,
aber es ist einfach großartig, in einer so friedlichen
Umgebung aufzuwachen.«

JAMES FREEMAN, GRÜNDER VON BLUE BOTTLE COFFEE

Es ist nicht nur so, dass das Abend-Ritual ganz automatisch in das Morgen-Ritual übergeht – die niederländische Projektmanagerin Marjolein Verbeek behauptet sogar, dass ihr Abend- und ihr Morgen-Ritual untrennbar verbunden sind: »Es fühlt sich fast so an, als sei mein Schlaf Teil eines täglichen, zwölfstündigen Rituals«, erzählt sie uns.

Natürlich hat nicht jeder die Möglichkeit, sich einen gemütlichen Abend zu machen und früh ins Bett zu gehen. Einige von uns arbeiten lange oder machen Nachtschichten, was bedeutet, dass der Beginn des Abends zugleich der Beginn des Arbeitstages ist. Wenn dies aber nicht der Fall ist und Sie zu einer angemessenen Zeit nach Hause kommen, könnten Sie Ihren Abend nicht nur dazu nutzen, einen gelungenen Start in Ihr Morgen-Ritual vorzubereiten, sondern auch ein eigenes Abend-Ritual genießen.

Hier sind einige Vorschläge, was Sie abends tun könnten:

LEGEN SIE IHRE ANZIEHSACHEN FÜR DEN NÄCHSTEN TAG BEREIT

Wenn Sie nicht schon am Morgen die Entscheidungsmüdigkeit fördern (mehr zu diesem Thema auf Seite 96), wirkt sich das positiv auf Ihre emotionale Gesundheit aus. Legen Sie Ihre Anziehsachen für den nächsten Tag schon am Abend vorher heraus, müssen Sie morgens schon mal eine Entscheidung weniger treffen.

»Jeden Sonntagabend schaue ich in meinen Kalender und checke den Wetterbericht für die kommende Woche, dann suche ich mir schon einmal meine Bekleidung für jeden Tag aus. So gibt es eine Sache weniger, über die ich mir morgens Gedanken machen muss.«

TERRA CARMICHAEL, VIZEPRÄSIDENTIN FÜR WELTWEITE KOMMUNIKATION BEI EVENTBRITE

Wenn Sie morgens als Erstes schon Sport treiben, dann verringern Sie durch das Bereitlegen Ihrer Trainingssachen am Abend zuvor das Risiko, Ihr Training nicht wahrzunehmen. Nach dem Aufwachen müssen Sie nicht mehr entscheiden, ob Sie die Sachen heraussuchen wollen oder nicht, die Entscheidung wurde bereits von einer vergangenen Version Ihres Ichs gefällt. Ebenso könnten Sie auch überlegen, abends zu duschen oder ein Bad zu nehmen. Das entspannt Sie nicht nur vor dem Zubettgehen, sondern erspart Ihnen morgens auch Zeit.

SCHREIBEN SIE EINE TO-DO-LISTE FÜR DEN NÄCHSTEN TAG UND PRÜFEN SIE IHREN KALENDER

Diesen Tipp sollten Sie am Ende Ihres Arbeitstages beherzigen, nicht erst, wenn Sie gerade ins Bett gehen wollen, damit Ihr Entspannungsritual nicht gestört wird. Wenn Sie eine To-do-Liste für den nächsten Tag schreiben und Ihren Kalender checken, dann sind Sie bereit, um am nächsten Morgen zu Arbeitsbeginn gleich loszulegen.

Das trifft auch auf das Abschaltritual zu, das Cal Newport in *Deep Work* beschreibt:

»Stellen Sie sicher, dass jede unvollständige Aufgabe, jedes unvollständige Ziel oder Projekt überprüft wurde und dass Sie sich bei allen darin bestärken, dass Sie entweder 1) einen Plan haben, dessen Ausführung Sie vertrauen, oder 2) die Projekte an einem Ort erfasst werden, wo sie zu einem späteren Zeitpunkt wieder aufgegriffen werden. Dieser Prozess sollte ein Algorithmus sein: eine Reihe von Schritten, die Sie immer nacheinander durchführen. Wenn Sie fertig sind, verwenden Sie einen von Ihnen selbst bestimmten Wortlaut, der verdeutlicht, dass Sie alles erfasst haben (ich sage zum Beispiel, wenn mein Ritual beendet ist: ›Abschaltritual vollzogen‹). Dieser letzte Schritt mag komisch klingen, doch er liefert Ihrem Verstand den einfachen Hinweis, dass Sie sich nun beruhigt für den Rest des Tages von auf die Arbeit bezogenen Gedanken lösen können.«

Newport stellt weiter fest: »Der Versuch, am Abend noch ein wenig mehr Arbeit zu schaffen, könnte Ihre Effektivität am nächsten Tag so stark vermindern, dass Sie insgesamt weniger erledigen, als wenn Sie auf Ihr Abschaltritual geachtet hätten.«

Die Autorin und Ernährungswissenschaftlerin Isabel De Los Rios meint: »Bevor ich meinen Arbeitstag beende, klebe ich eine Haftnotiz an meinen Computer, auf der steht, was ich am nächsten Morgen schreiben soll. So komme ich nach dem Aufwachen weniger in Versuchung, meine E-Mails anzuschauen oder Zeit im Internet zu verschwenden. Diese einfache Strategie hilft mir wirklich, mich morgens zu konzentrieren.«

In Ihrem Kopf schwirren ständig Gedanken und Ideen umher, von denen Sie sicherlich einige ignorieren können, andere wiederum sind es wert, sich an sie zu erinnern. Lassen Sie diese Gedanken nicht einfach kommen (und auf ewig wieder verschwinden). Schreiben Sie sie auf.

MEDITIEREN, BETEN UND TAGEBUCH FÜHREN

Sie müssen nichts von diesen Dingen machen, aber wenn irgendetwas davon Sie anspricht, dann versuchen Sie es. All das bietet Ihnen hervorragende Möglichkeiten zu entspannen, den Tag Revue passieren zu lassen und sich dankbar zu erweisen.

Wenn Sie das Kapitel über die Meditation am Morgen gelesen haben, dann wissen Sie, dass wir bei Meditation sowohl traditionelle Meditationsformen meinen als auch das Einbauen achtsamer Momente während des Tages. Wenn Sie abends alle elektronischen Geräte aus dem Schlafzimmer entfernen, wie wir es im Kapitel zum Thema »Schlaf« beschreiben, dann kann Ihnen das helfen, diese meditativen Momente öfter zu finden.

HALTEN SIE IHR ZUHAUSE ORDENTLICH

Das Aufwachen in einem ordentlichen Zuhause ist eine der Freuden des Lebens. Gracy Obuchowicz erzählt: »Meine Mutter hat mir beigebracht, nie ins Bett zu gehen, wenn noch dreckiges Geschirr in der Spüle steht, und ich habe mich an diesen klugen Ratschlag gehalten.« Dem können wir nur zustimmen.

Es ist unangenehm, morgens mit einer Spüle voller schmutzigem Geschirr aufzustehen, besonders, wenn Sie in einer kleinen Wohnung leben und Sie den einzigen Topf ganz unten im Geschirrstapel entdecken – genau den Topf, den Sie brauchen, um Ihr Frühstück zuzubereiten.

Das Aufräumen Ihres Zuhauses und insbesondere Ihrer Küche vor dem Schlafengehen macht das Aufstehen am nächsten Tag nicht nur angenehmer, sondern kann fast schon ein eigenes Ritual werden. Warum bereiten Sie, wenn Sie eh in der Küche sind, nicht schon Ihre Kaffeemaschine so vor, dass sie morgens gleich loslegen kann, oder stellen die Schüsseln oder Teller, die Sie am nächsten Morgen benötigen, auf den Tisch?

NUTZEN SIE DIE TECHNIK

Nicht jeder Einsatz von Technik beim Abend-Ritual ist schlecht. Wie Sie gerade gelesen haben, stellt Nir Eyal seinen Router so ein, dass die Internetverbindung um 22 Uhr unterbrochen wird, sodass er kein Problem hat, schlafen zu gehen.

Genauso haben uns einige unserer Interviewpartner verraten, dass sie ihren Wecker abends einsetzen, um sich daran zu erinnern, mit ihrem Abend-Ritual zu beginnen.

ANDERERSEITS ...

Es gibt kein Argument, das dagegen spräche, für eine ruhige, entspannte Atmosphäre zu sorgen, bevor man ins Bett geht, aber die Uhrzeit, wann das geschieht, kann unterschiedlich sein.

Wenn Sie in der Nachtschicht arbeiten oder herausgefunden haben, dass Sie sehr spät in der Nacht am produktivsten sind, beginnt Ihr Morgen-Ritual vielleicht erst um 15 oder 16 Uhr, Ihr Abend-Ritual dann entsprechend viel später am Abend oder in den frühen Morgenstunden, kurz bevor Sie schlafen gehen.

KAPITEL 6

SCHLAF

WIE GUT SIE SCHLAFEN, WIRKT SICH SEHR STARK AUF IHR MORGEN-RITUAL AUS

NUR DER FRÜHE VOGEL, DER SIEBEN BIS NEUN STUNDEN SCHLÄFT, FÄNGT DEN WURM.

Als wir noch Kinder waren, war die Zubettgehzeit stets ein wichtiges Thema. Es war ein Befehl von oben, und wir warteten darauf, dass eine geheimnisvolle Logik bestimmte, wie lange wir noch aufbleiben durften, um dann noch eine weitere Stunde zu erbetteln.

Wahrscheinlich geht es Ihnen wie uns und Ihre Schlafenszeit ist selten genau gleich. In diesem Kapitel beschäftigen wir uns mit den Morgen- und Abend-Ritualen derjenigen Menschen, die sich, vielleicht ohne groß darüber nachzudenken, bemüht und einen Weg gefunden haben, die Qualität ihres Schlafes zu verbessern und deshalb morgens mit mehr Energie aufzuwachen. Ob Sie gut geschlafen haben oder nicht, wirkt sich direkt auf Ihre Fähigkeit aus, Ihr morgendliches Ritual bestmöglich auszuführen (und zu genießen). Sparen Sie nicht am Schlaf.

In diesem Kapitel sprechen wir (unter anderem) mit Arianna Huffington über ihre Angewohnheit, ihre elektronischen Geräte vor dem Schlafengehen »sanft aus dem Schlafzimmer zu geleiten«; mit der japanischen Organisationsberaterin Marie Kondo über das, was sie vor dem Schlafengehen immer zu tun pflegt; und mit dem Risikokapitalanleger Brad Feld darüber, dass er jede Nacht sein Schlafverhalten aufzeichnet.

ARIANNA HUFFINGTON

**Gründerin der Huffington Post und
des Unternehmens *Thrive Global***

Wenn ein schmerzhaftes Warnsignal einen dazu bringt, den Schlaf
endlich ernst zu nehmen.

Wie sieht Ihr Morgen-Ritual aus?

In 95 Prozent der Fälle bekomme ich acht Stunden Schlaf und
darum brauche ich in 95 Prozent der Fälle auch keinen Wecker,
um aufzuwachen. Ganz natürlich aufzuwachen, ist für mich die
beste Art, in den Tag zu starten.

Bei einem großen Teil meines Morgen-Rituals geht es um
das, was ich nicht tue: Wenn ich aufwache, schaue ich nicht
gleich auf mein Handy. Stattdessen atme ich eine Minute lang
tief durch, übe mich in Dankbarkeit und setze mir für den Tag
Ziele.

**Wie lange pflegen Sie dieses Ritual schon? Was hat sich
geändert?**

Tatsächlich habe ich erst begonnen, mein Morgen-Ritual ernst
zu nehmen, als ich 2007 eine sehr schmerzhafte Warnung bekam: Ich wurde vor lauter Schlafmangel und Erschöpfung ohn-
mächtig, mein Kopf schlug auf dem Schreibtisch auf und ich
brach mir den Wangenknochen.

Mit der Zeit habe ich kleine Änderungen vorgenommen,
zum Beispiel habe ich, als ich noch in Los Angeles wohnte,
morgendliche Spaziergänge und Wanderungen unternommen.
Ich bin sehr offen für Experimente – ich bin mir sicher, dass ich
schon bald von etwas Neuem erfahren werde, was ich meinem
Ritual hinzufügen möchte.

Um wie viel Uhr gehen Sie schlafen?

An den meisten Abenden bin ich um 23 Uhr im Bett. Mein Ziel ist es, wie wir in meiner Familie scherzhaft sagen, immer schon im Bett zu sein, bevor der »Mitternachtszug« eintrifft.

Was tun Sie, um sich schon abends auf den Morgen vorzu-bereiten?

Ich betrachte meinen Übergang in den Schlaf als ein heiliges Ritual. Zuerst schalte ich alle elektronischen Geräte aus und geleite sie sanft aus dem Schlafzimmer. Dann nehme ich ein heißes Bad mit Bittersalz und einer flackernden Kerze dane-ben – ein Bad, das ich ausdehne, wenn ich innerlich unruhig bin und mir über etwas Sorgen mache. Ich schlafe nicht mehr wie früher in meinen Trainingssachen (denken Sie nur an die zwiespältige Botschaft, die so etwas an unser Gehirn sendet), sondern ich habe Pyjamas, Nachthemden und sogar T-Shirts, die ganz dem Schlaf gewidmet sind. Manchmal trinke ich noch eine Tasse Kamillen- oder Lavendeltee, wenn ich etwas War-mes und Tröstliches brauche. Ich liebe es, echte, physische Bü-cher zu lesen, vor allem Gedichte, Romane und Bücher, die nichts mit der Arbeit zu tun haben.

Können Sie uns mehr darüber erzählen, warum Sie keinen Wecker benutzen?

Ich liebe es, ohne Wecker aufzuwachen. Im Englischen wird Wecker ja nicht umsonst als »Alarm« bezeichnet und die ge-naue Definition dieses Wortes ist: »eine plötzliche Angst oder beunruhigende Spannung, verursacht durch ein Bewusstsein für Gefahren, Angst und Schrecken«, oder »irgendein Ge-räusch, Aufschrei oder eine Information, die vor drohender Ge-fahr warnen soll«. Ein Alarm ist also in den meisten Situationen ein Signal dafür, dass etwas nicht stimmt. Doch die meisten von uns verlassen sich auf eine Art Wecker, im Prinzip ein reflexartiger Ruf zu den Waffen, um den Tag zu beginnen und vom Schlaf in den Kampf-oder-Flucht-Modus zu kommen, der uns mit Stresshormonen und Adrenalin überflutet, während unser Körper sich auf Gefahr vorbereitet.

Ich halte auch nichts von der Schlummertaste. An Tagen, an denen ich einen Wecker benutzen muss, stelle ich ihn immer auf den letztmöglichen Zeitpunkt ein, an dem ich aufstehen muss.

Haben Sie morgens ein bestimmtes Trainingsprogramm?

30 Minuten auf meinem Trimmrad an Tagen, an denen ich zu Hause bin, sowie fünf bis zehn Minuten Yoga-Dehnübungen. Ich meditiere 20 bis 30 Minuten, bevor ich mit dem Training anfange.

Beantworten Sie morgens als Erstes Ihre E-Mails?

Ich habe es mir zum Prinzip gemacht, meine E-Mails nicht gleich nach dem Aufwachen zu beantworten, und ich komme erst gar nicht in Versuchung, weil ich meine elektronischen Geräte nicht in meinem Zimmer auflade. Aber da ich eine Nachrichtenorganisation leite und der Morgen eine unglaublich wichtige Zeit ist, in der ich mit unseren Redakteuren kommuniziere, ist es für mich unerlässlich, erreichbar zu sein. Ich kümmere mich um die E-Mails, sobald ich aufs Rad gestiegen bin.

Benutzen Sie irgendwelche Apps oder Hilfsmittel, um Ihr Morgen-Ritual zu verbessern?

Ich verwende nichts, um meinen Schlaf zu verbessern, das voraussetzt, dass ich mein Handy am Bett habe. Ich liebe sanfte Meditationsanleitungen vor dem Schlafengehen, aber die habe ich auf einem iPod. Meine liebsten Anleitungen sind im Anhang des Hörbuchs *The Sleep Revolution* zu finden. Dass sie gut wirken, bestätigt sich dadurch, dass ich keine Ahnung habe, wie sie enden, weil ich immer schon vor dem Ende eingeschlafen bin!

Behalten Sie Ihr Ritual auch an den Wochenenden bei?

Ich halte mich auch an den Wochenenden daran! Aber ich trainiere und meditiere länger.

Was tun Sie, wenn etwas dazwischenkommt?

Ein Ritual zu pflegen, macht es natürlich zu einem Ritual. Doch manchmal funkt das Leben dazwischen oder wir kommen vom Weg ab. Und wenn das passiert, versuche ich, mich nicht selbst zu verurteilen oder mich davon für den Rest des Tages negativ beeinflussen zu lassen.

Ich bin sehr dafür, dass man die Stimme der Vorwürfe und des Selbstzweifels in seinem Kopf zum Schweigen bringt – ich bezeichne diese Stimme als »meine unausstehliche Mitbewohnerin«. Diese Stimme lebt davon, einen niederzumachen und Verunsicherungen und Zweifel zu bestärken. Ich habe viele Jahre damit verbracht, meine unausstehliche Mitbewohnerin zu vertreiben, und habe es nun geschafft, dass sie nur noch ab und zu in meinem Kopf zu Gast ist!

MARIE KONDO

**Autorin von *Magic Cleaning:*
*Wie richtiges Aufräumen Ihr Leben verändert***

Wenn der Morgen aus den Fugen gerät, weil man das Haus verlassen hat, ohne vorher alles perfekt aufzuräumen.

Wie sieht Ihr Morgen-Ritual aus?

Ich wache ungefähr um halb sieben Uhr auf, öffne die Fenster, um frische Luft hereinzulassen, und reinige die Luft in der Wohnung mit Räucherstäbchen. Ich trinke gerne schon vor dem Frühstück etwas Heißes: Wasser oder Kräutertee. Mein

Ehemann macht häufig das Frühstück, ungefähr eine Stunde nachdem ich aufgewacht bin. Normalerweise gibt es Toast mit Ei oder Reis und Misosuppe. Dann beten wir vor unserem Schrein in der Wohnung und stellen uns vor, dass unser Tag gut wird. Manchmal mache ich noch Yogaübungen.

Wie lange pflegen Sie dieses Ritual schon? Was hat sich geändert?
Ich öffne schon seit meiner Kindheit die Fenster, um frische Luft hereinzulassen. Vor zwei Jahren habe ich damit begonnen, Räucherkerzen anzuzünden. Früher war es ein Teil meines Morgen-Rituals, den Tataki zu wischen, jene Bodenstelle in japanischen Wohnungseingängen, wo man sich die Schuhe auszieht, aber seitdem ich meine erste Tochter bekommen habe, habe ich weniger Zeit und seltener die Gelegenheit, diesen Bereich sauber zu machen.

Um wie viel Uhr gehen Sie schlafen?
Gegen 23:30 Uhr. Bevor ich zu Bett gehe, reibe ich noch meinen Nacken mit ätherischen Aromaölen ein, dadurch schlafe ich besser. Ich räume auch meine Wohnung auf und lege alles an seinen vorgesehenen Platz zurück.

Benutzen sie einen Wecker, um aufzuwachen?
Ich benutze selten einen Wecker. Er kommt nur zum Einsatz, wenn ich besonders müde bin oder am nächsten Morgen etwas Dringendes zu erledigen habe.

Was tun Sie, wenn etwas dazwischenkommt?
Normalerweise hat das keinen Einfluss auf meinen restlichen Tag, es sei denn, ich verlasse das Haus, bevor ich es tipptopp aufgeräumt habe. Wenn das passiert, muss ich den ganzen Tag darüber nachdenken.

JON GOLD

Interdisziplinärer Designer und Ingenieur

Wenn es schwierig wird, sich umzustellen, weil man in seinen
Zwanzigern eine Nachteule war.

Wie sieht Ihr Morgen-Ritual aus?

Die kurze Version lautet: Ich stehe um halb sieben Uhr auf, versuche, von allem, was einen LCD-Bildschirm hat, fernzubleiben, meditiere, treibe Sport und bereite mich darauf vor, das Beste aus meinem Leben herauszuholen.

Um wie viel Uhr gehen Sie schlafen?

An den meisten Tagen bin ich um 22 Uhr im Bett. Ich lese noch ein wenig in einem Buch und schlafe dann gegen 23 Uhr ein.

Der Hintergrund dazu: Ich war jahrelang eine Nachteule. Einmal habe ich versucht, mithilfe einer App um Mitternacht ins Bett zu gehen, aber dann habe ich das aufgegeben, weil ich es einfach nicht geschafft habe. Im Alter zwischen 20 und 30 bin ich meist erst zwischen Mitternacht und vier Uhr morgens schlafen gegangen.

Viele Faktoren haben dazu beigetragen: das Leben in Europa (in Amerika lief das Internet erst richtig heiß, wenn ich ins Bett gehen wollte), das Arbeiten als Freelancer von zu Hause aus und in Cafés, und, ehrlich gesagt, auch ein Mangel an Selbstdisziplin. Trotzdem habe ich all die Jahre die Vorteile gesehen, die man genießt, wenn man ein Morgenmensch ist, und ich glaube, das ist mir nun endgültig gelungen.

Man trifft leicht schlechte Entscheidungen, wenn man wenig Energie und eine rasant versiegende Willenskraft hat. Bevor ich ein Morgenmensch wurde, neigte ich dazu, die ganze Nacht aufzubleiben, ohne etwas Produktives im Internet zuwege zu bringen – wenn ich um 22:30 Uhr an meinem Laptop saß, dann bin ich häufig auch noch bis nachts um halb drei drangeblieben. Ich habe mir das abgewöhnt, indem ich recht aggressive Content-Blocker auf meinem Laptop installiert habe, die von 22 Uhr bis elf Uhr morgens so ziemlich alles abblocken, was mit Social Media, Entertainment und Nachrichten zu tun hat (während des Tages setze ich sie in regelmäßigen Abständen ebenfalls ein). Um einen regelmäßig aktualisierten Überblick davon zu erhalten, welche Content-Blocker es gibt, gehen Sie auf mymorningroutine.com/products. Ich blockiere bis elf Uhr morgens alles, was mich ablenken kann, weil ich zu dieser Tageszeit ziemlich leicht abzulenken bin; wenn ich im Halbschlaf anfange, mich mit dem Internet zu beschäftigen, steuere ich auf einen schlechten Tag zu. Aus ähnlichem Grund lade ich auch alles, was einen LCD-Bildschirm hat, über Nacht im Wohnzimmer auf. Das einzige Gerät, das ich in meinem Schlafzimmer zulasse, ist mein Kindle. Selbst mit den Content-Blockern auf meinem Computer und Handy lenken mich diese Geräte zu sehr ab, um richtig gut zu schlafen – ich möchte nicht in Versuchung geraten, mitten in der Nacht aufzuwachen, um mir meine Mitteilungen anzuschauen.

Was tun Sie, um sich schon abends auf den Morgen vorzubereiten?

Ich trage jeden Tag das exakt gleich aussehende Outfit; mein Kleiderschrank bietet ein paar Sets identischer Ausstattungen, sodass dies morgens sehr schnell erledigt ist. Wenn ich morgens trainiere, lege ich meine Sachen abends schon neben das Bett, sodass ich mir keine Gedanken darüber machen muss.

Wenn ich abends entspanne, schreibe ich mir schon einmal meinen Zeitplan für den nächsten Tag in mein Notizbuch. Ich habe diese Methode aus *Deep Work* von Cal Newport übernommen, einem der besten Bücher, die ich dieses Jahr gelesen habe. Ich hatte schon immer Probleme, mich zu konzentrieren, also muss ich mich diesbezüglich so gut wie möglich unterstützen. Ich spare Energie, wenn ich aufwache und meinen Kopf morgens nicht anstrengen muss, um darüber nachzudenken, in welcher Reihenfolge ich die Dinge in Angriff nehmen soll.

Gehört Meditation zu Ihrem morgendlichen Ritual?

Ja! Ich halte Meditation für einen wesentlichen Punkt, der mir ein gutes Leben garantiert. Das mag übertrieben klingen, aber davon bin ich überzeugt. In erster Linie praktiziere ich Vipassana-Meditation, gelegentlich zur Abwechslung am Abend Metta-Meditation. Mein Pensum ist, mit und ohne Anleitung, unterschiedlich. Derzeit benutze ich Dan Harris' wunderbare App *10% Happier*, die hervorragende Meditationsanleitungen von einigen der derzeit besten Lehrer bietet.

Zwei der für mich einflussreichsten Meditationsbücher waren Harris' *10% Happier* (Überraschung!) und Bhante Gunaratanas *Mindfulness in Plain English*. Ich empfehle auch, ein Retreat zu besuchen, wenn man die Übungen vertiefen will – ein zehntägiges Schweige-Retreat ist vielleicht etwas heftig, aber ein Wochenend-Retreat ist angenehm und supererholsam.

BRAD FELD

Risikokapitalanleger bei der Foundry Group

Wenn man den Tag in »introvertierte« und »extrovertierte« Abschnitte unterteilt.

Wie sieht Ihr Morgen-Ritual aus?

Vor fünf Jahren habe ich mir unter der Woche jeden Morgen um fünf Uhr den Wecker gestellt, ungeachtet der Zeitzone, in der ich mich befand. An den Wochenenden schlief ich, bis ich von allein aufgewacht bin, und kam in den Nächten auf Samstag und Sonntag oft auf mehr als zwölf Stunden Schlaf. Dann hatte ich eine schwere depressive Phase und entschloss mich, keinen Wecker mehr zu benutzen. Jetzt stehe ich auf, wann immer ich aufwache, was so zwischen halb sechs und neun Uhr ist.

Mein Morgen-Ritual ist einfach. Ich gehe ins Bad, stelle mich auf die Waage, putze mir die Zähne und mache mir dann eine Tasse Kaffee. Ich setze mich zu meiner Frau, wo auch immer sie und die Hunde sich gerade im Haus aufhalten (sie stehen meistens vor mir auf). Wir pflegen ein Ritual, das wir »vier Minuten am Morgen« nennen: Wir sitzen einfach mit unserem Kaffee beieinander, reden ein wenig und beobachten, wie der Tag beginnt und die Vögel zwitschern.

Dann mache ich, während ich noch bei Amy und den Hunden sitze, meinen Laptop auf, schreibe einen Beitrag für meinen Blog und erledige einige E-Mails. Vier- bis fünfmal in der Woche gehe ich laufen. Wenn es also ein Lauftag ist, ist das als Nächstes dran. Nach dem Laufen dusche ich, esse etwas Leichtes (einen Smoothie oder einen Toast mit Erdnussbutter), und dann beginnt der extrovertierte Abschnitt meines Tages, bei dem ich mit anderen Menschen kommuniziere.

Um wie viel Uhr gehen Sie schlafen?
Ich gehe jeden Abend zwischen 21:30 und 22:30 Uhr schlafen, selbst an den Wochenenden. Selten bin ich noch nach 22:30 Uhr auf.

Gehört Meditation zu Ihren morgendlichen Ritualen?
Es gibt Phasen, in denen ich morgens 20 Minuten lang still meditiere. Ich betrachte Meditation als eine Art »Übung«, wobei ich nicht versuche, besonders gut zu sein oder sie jeden Tag zu

machen. Meine »Übung« ist also von verschiedenen Phasen gekennzeichnet, ich würde sie aber nicht als »unbeständig« bezeichnen.

Benutzen Sie irgendwelche Apps oder Hilfsmittel, um Ihr Morgen-Ritual zu verbessern?
Seit einigen Jahren benutze ich eine CPAP-Beatmungsmaschine (*continuous positive airway pressure*). Ich leide unter Schlafapnoe und dieses Gerät hat mein Leben entscheidend verbessert.

Was sind Ihre wichtigsten Aufgaben am Morgen?
Zeit mit Amy und den Hunden zu verbringen.

Welches Getränk nehmen Sie als Erstes morgens zu sich und wann genau?
Kaffee, den ich gewöhnlich schon innerhalb von 15 Minuten nach dem Aufwachen trinke. Ich beschränke mich auf einen Kaffee pro Tag.

Behalten Sie Ihr Ritual auch an den Wochenenden bei?
An den meisten Samstagen lege ich einen digitalen Sabbat ein, da schaue ich weder meine Mails an noch auf mein Handy oder ins Internet. An Sonntagen setze ich mich nach dem Aufwachen mit Amy zusammen und lese die *New York Times*. Normalerweise gehe ich an Samstagen und Sonntagen laufen (und jogge an diesen Tagen viel länger). Insgesamt ist mein Morgen an den Wochenenden ruhig, entspannt und ohne Anregungen durch Informationen von außen.

SCOTT ADAMS

Schöpfer der *Dilbert*-Comics

Wenn man zwischen vier und acht Uhr morgens besonders glücklich,
aufgeweckt, kreativ und optimistisch ist.

Wie sieht Ihr Morgen-Ritual aus?

Mein Ritual ändert sich immer wieder. Wenn Sie den zeitlichen
Ablauf verfolgen würden, sähe das jedes Mal anders aus, aber
es gibt einige Dinge, die sich nicht verändern.

Dazu gehört, dass ich so früh wie möglich aufstehe, vorausgesetzt, dass ich genug geschlafen habe. Seit Kurzem stehe ich
zwischen vier Uhr und sechs Uhr auf. Ich experimentiere gerade in puncto Energie, indem ich keinen Wecker benutze und
nur darauf achte, dass ich ungefähr zwischen diesen Zeiten aufwache. Den Schlafverlust am Morgen mache ich mit ein wenig
Extraschlaf am Tag wett, wenn mein Körper danach verlangt.
Dann schaue ich, ob meine höhere Energie während des Rest-
tages sich in Anbetracht der Stunde, die ich an Schlaf verloren
habe, auszahlt. Ich mache das jetzt schon seit ein paar Monaten
so und weiß noch nicht, was bei dem Experiment heraus-
kommen wird. Man muss damit eine Weile gelebt haben, bevor
man das weiß.

Einige Menschen, und ich zähle mich selbst dazu, sind einfach für den Morgen geschaffen, deswegen ist es für mich nicht
nur leicht, morgens aufzustehen, es ist auch der beste Abschnitt
meines Tages. Im Grunde genommen bin ich zwischen vier und
acht Uhr morgens besonders glücklich, aufgeweckt, kreativ und
optimistisch.

Wie lange pflegen Sie dieses Ritual schon? Was hat sich geändert?

Die Hauptsache ist, dass ich mich gleich nach dem Aufstehen direkt an die Arbeit mache; meine kreative Hochphase ist meist vor zehn Uhr morgens, danach lässt die Energie nach. Außerdem muss ich nach so viel Arbeit einfach aus dem Haus raus. Also steige ich ins Auto und fahre ins Fitnessstudio. Natürlich kommt im Leben oft etwas dazwischen, einige Dinge kann man einfach nicht planen, aber generell halte ich mich zu 80 Prozent der Zeit daran.

Als ich noch meinen Job bei Pacific Bell hatte und nebenbei an *Dilbert* arbeitete, versuchte ich, um 22 Uhr im Bett zu sein, und stellte fest, dass ich über einen längeren Zeitraum mit fünf oder sechs Stunden Schlaf in der Nacht auskam, ohne das zu spüren, da ich oftmals um vier Uhr aufstand, um noch zu zeichnen, bevor ich zur Arbeit fuhr.

Während dieser Zeit war ich einfach glücklich, dass sich meine täglichen Beschäftigungen vereinbaren ließen. Früher ging ich oft zur Arbeit und war frustriert, wenn etwas schieflief oder jemand nicht so handelte, wie ich es wollte. Aber als selbstständiger Cartoonist befand ich mich auf einmal in der seltsamen Lage, dass alles Schlechte, was mir im Laufe meines Tages widerfuhr, es mir leichter machte, meinen Cartoon zu zeichnen. Das wurde dann das Thema für den nächsten Tag. So verlagerte sich meine Einstellung, ich freute mich über jeden und alles, worüber ich mich vorher geärgert hatte, da ich so mehr Material für meine Cartoons sammeln konnte. Einen ganz ähnlichen Ratschlag habe ich einmal in Stephen Kings Buch *Das Leben und das Schreiben* gelesen. Er meinte, es sei gut, wenn man Schriftsteller werden wolle, einen Job als Wachmann anzunehmen, zum Beispiel als Nachtwächter, so könne man einfach nur gedankenlos acht Stunden lang ins Leere starren.

Um wie viel Uhr gehen Sie schlafen?

Ich versuche, um 23 Uhr ins Bett zu gehen. In den Jahren, in denen ich zwei Jobs hatte und um vier Uhr morgens aufgestanden bin und dann um 22 Uhr erst fertig war, bin ich sofort in einen Tiefschlaf gefallen, sobald ich mich hingelegt hatte, was ein klares Zeichen für Schlafmangel war. Müdigkeit kann gefährlich sein, sie raubt einem einen ziemlich hohen Teil des IQ, das lässt sich einfach berechnen: Nehmen wir an, Sie haben einen schönen hohen IQ von 120, dann funktionieren Sie nur noch mit einem von 110, wenn Sie müde sind.

Was tun Sie, um sich schon abends auf den Morgen vorzubereiten?

Alles wird erledigt, bevor ich ins Bett gehe. Ich bin superstrukturiert. Die Leute fragen mich immer: »Denken Sie den ganzen Tag über Ihren Comic nach, was Sie zeichnen werden, und suchen Ideen?« Und die Antwortet lautet: »Nein, ich denke überhaupt nicht darüber nach.« Ich beschäftige mich erst damit, wenn ich mich hinsetze und zeichne, und das reicht.

Das Schlimmste, was man tun kann, wenn man schlafen will, ist, sich im Kopf eine Liste zu machen, was man am nächsten Tag erledigen muss. Ich habe zu Hause eine Sieben-Sekunden-Regel, die besagt, dass ich innerhalb von sieben Sekunden Stift und Papier zur Hand haben muss, denn nur so lange kann ich einen Gedanken halten, bevor ich abgelenkt werde.

Wie viel Zeit vergeht zwischen dem Aufwachen und dem Frühstück?

Früher habe ich morgens eine Banane gegessen, aber damit habe ich aufgehört, weil mir der glykämische Index nicht gefiel. Nun nehme ich normalerweise einen Proteinriegel und einen Kaffee zu mir. Ich tue nichts, bevor ich nicht meinen Kaffee und Proteinriegel zur Hand habe. Mit dem Proteinriegel komme ich einige Stunden aus. Wenn ich vormittags hungrig werde, esse ich etwas Obst und Nüsse oder eine Avocado oder irgendwelche Snacks.

Gehört Meditation zu Ihrem morgendlichen Ritual?

Nein. Ich bin ein ausgebildeter Hypnotiseur, und als ich Hypnose gelernt habe, habe ich festgestellt, dass Selbsthypnose, wenn man sie beherrscht, viel effektiver und besser ist als Meditation.

Beantworten Sie morgens als Erstes Ihre E-Mails?

Es hat sich gezeigt, dass das Schlimmste, was man mit einer E-Mail machen kann, ist, sie zu beantworten, denn dann bekommt man noch mehr zurück.

Tatsächlich habe ich einen Ratschlag von meinem alten Philosophielehrer angenommen, der einmal gesagt hat, dass er immer alles, was ihm jemand in sein Postfach legt, zunächst einmal für zwei Wochen dort liegen lässt. Wenn er das tut, passiert eines von zwei Dingen. Nach zwei Wochen sagt jemand: »Nun, es war nicht so wichtig, wir haben das anders erledigen können.« Oder jemand sagt: »Es ist immer noch wichtig« – in diesem Fall weiß er, dass es wirklich wichtig ist, und dann kümmert er sich darum.

Benutzen Sie irgendwelche Apps oder Hilfsmittel, um Ihr Morgen-Ritual zu verbessern?

Ich benutze keine, aber ich habe eine Theorie, die besagt, dass es eine einzige Sache gibt, die man aufzeichnen sollte, daran könnte man erkennen, wie effektiv man ist und wie gesund (körperlich und mental). Und zwar ist das der Schlaf.

Wenn wir solche Aufzeichnungen hätten, es wäre ein Meeting angesagt und Ihr Gerät würde anzeigen, dass Sie zu wenig geschlafen haben, wissen Sie, was ich dann machen würde? Ich würde das Meeting absagen. Weil es reine Zeitverschwendung wäre. Man erkennt am Schlaf, wenn jemand Angst hat, stark unter Stress steht oder sogar ein medizinisches Problem hat. Einige Menschen schlafen dann zu viel oder zur falschen Zeit oder sie schlafen zu wenig, aber ich wette, dass man alle Informationen bekäme, die man braucht, wenn man den Schlaf messen würde.

Wann checken Sie Ihr Handy?
Das Handy habe ich immer zur Hand, aber ich bekomme keine Anrufe, weil ich den Leuten beigebracht habe, mich nicht anzurufen, indem ich zehn Jahre lang keine Anrufe beantwortet habe.

Behalten Sie Ihr Ritual auch an den Wochenenden bei?
Ich wache immer zur selben Zeit auf und arbeite morgens an jedem Wochenende. Der Grund dafür, warum ich das mache, ist, dass mein Körper nichts von Aufwachen und Arbeiten weiß. Sobald man sich selbst fragt: »Ist heute ein Tag zum Arbeiten oder zum Entspannen?«, läuft das auf einen Kampf mit sich selbst hinaus. Mein Wochenendritual ist also ziemlich ähnlich wie das an Wochentagen, allerdings mit etwas weniger Kommunikation. Ich sitze vor meinem Computer und arbeite entweder an meinem Buch oder an meinen Comics. Ich arbeite immer an einem dieser beiden Dinge.

Wie halten Sie es auf Reisen?
Wenn ich verreise, selbst im Urlaub, bin ich normalerweise drei bis vier Stunden vor den Leuten wach, mit denen ich zusammen bin. Da ich nicht gerne lang schlafe, tue ich es auch nicht. Früher habe ich meine täglichen Cartoons im Voraus angefertigt, aber jetzt habe ich ein tragbares Tablet, sodass ich zumindest für meine Cartoons zeichnen und schreiben kann, wenn ich unterwegs bin.

Was tun Sie, wenn etwas dazwischenkommt?

Das ruiniert dann meinen ganzen Tag, weswegen es so gut wie nie vorkommt. In dieser Beziehung bin ich ziemlich eisern.

Ab und zu, ich glaube, es ist mir nicht mehr als zweimal im letzten Jahr passiert, verschlafe ich. Da wache ich zu meiner gewohnten Zeit auf und bin noch so müde, dass ich wieder einschlafe und erst um neun Uhr oder so wieder aufwache. Wenn so etwas geschieht, ist für mich der ganze Tag ruiniert. Vielleicht geht es mir bis zum Abend wieder gut, aber morgens ist nichts in Ordnung.

NUN SIND SIE DRAN

»Die Morgenstunden sind eine herrliche Belohnung dafür,
dass man zu einer vernünftigen Zeit schlafen gegangen ist.«

GARRICK VAN BUREN, PRODUKTSTRATEGE

Es gibt viele Gründe, warum wir nachts nicht genug Schlaf bekommen, sie reichen von ganz offensichtlichen Gründen bis zu esoterischen Erklärungen.

Zu spät ins Bett zu gehen, ist eindeutig die Ursache vieler Übel. Seien Sie nicht zu selbstgefällig, was Ihren Schlafbedarf betrifft. Eine regelmäßige Schlafenszeit wird Ihnen helfen, eine konstante Aufwachzeit einzuhalten. Koffein und Alkohol kurz vor dem Schlafengehen sind wirklich so schlecht, wie man immer behauptet. Eine schwere Mahlzeit vor dem Zubettgehen ist ebenfalls nicht ideal, denn sie kann Sodbrennen und Unwohlsein auslösen. Wenn in Ihr Schlafzimmer von außen viel Lärm und Licht eindringen, sollten Sie etwas dagegen tun. Sie sollten auch dafür sorgen, sich vor dem Schlafengehen richtig zu entspannen – ein unruhiger Geist erschwert das Einschlafen und wirkt sich negativ auf die Qualität Ihres Schlafes aus.

Sollten Sie immer noch Schwierigkeiten haben, genügend Schlaf zu bekommen, obwohl Sie alles berücksichtigt haben, was Sie in diesem Kapitel gelesen haben, könnten Sie an einer Schlafstörung, einer Krankheit oder den Nebenwirkungen verschriebener Medikamente leiden. Wenn etwas davon zutreffen könnte, sollten Sie einen Arzt konsultieren.

Wie Jon Gold bezüglich seines Rituals bemerkte: »Man trifft leicht schlechte Entscheidungen, wenn man wenig Energie und eine rasant versiegende Willenskraft hat.« Sie verdienen es, das Beste aus Ihrem Morgen-Ritual herauszuholen, und um dies sicherzustellen, sollten Sie gut ausgeruht sein.

Es gibt viele Möglichkeiten, dies zu erreichen, und wir empfehlen Ihnen, dieses Kapitel mit dem Kapitel »Abend-Rituale« zu kombinieren, um sich ein vollständiges Bild von unseren Empfehlungen zu machen. Sie können das Beste aus Ihrem Morgen herausholen, wenn Sie Ihren Abend gut gestalten und die optimale Nachtruhe finden. Hier sind unsere Tipps.

STEHEN SIE BESSER AUF, WEIL SIE FRÜHER ZU BETT GEHEN

Wenn Sie Probleme haben, morgens rechtzeitig aus dem Bett zu kommen, ist die einfachste Lösung, früher ins Bett zu gehen. Setzen Sie nicht all die Vorzüge aufs Spiel, die Ihr Morgen-Ritual am nächsten Tag Ihnen bieten kann.

Wenn Sie gewohnt sind, bis spät am Abend zu arbeiten, könnten Sie ein paar Wochen das frühe Zubettgehen ausprobieren, um zu sehen, ob es für Sie besser ist, früher schlafen zu gehen und früher aufzustehen. Mit den Worten des britischen Softwareentwicklers Dan Counsell: »Auch wenn ich spät am Abend viel erledige, zahle ich am nächsten Tag die Zeche dafür, weil ich oft müde und mürrisch bin. Ich habe festgestellt, dass mit zunehmendem Alter mein Schlaf wichtiger wird. Ich weiß jetzt auch, wie sehr sich Schlaf auf meine Gesundheit, meine Stimmung und meine Konzentrationsfähigkeit auswirkt. Genügend Schlaf zu bekommen, ist das Beste, was man für eine gesteigerte Produktivität tun kann.«

Sie sollten auch einmal versuchen, einen konstanten Schlafplan einzuhalten und jeden Tag zur gleichen Zeit aufzustehen, auch an Wochenenden. Bald wird Ihr Körper sich auf diesen natürlichen Rhythmus eingestellt haben, und dann ist das regelmäßige Aufwachen zur gleichen Zeit das reinste Kinderspiel.

GESTALTEN SIE DIE PERFEKTE SCHLAFUMGEBUNG

Eine Möglichkeit, um es Ihnen leichter zu machen, abends einzuschlafen (und somit auch länger zu schlafen), besteht darin, Ihr Schlafzimmer für den Schlaf zu optimieren und nicht für den Wachzustand. Es gibt viele Dinge, die Sie dafür tun können, unter anderem:

1. Ihr Schlafzimmer sollte gut abgedunkelt werden können. Sehr dunkel. Trotz aller Vorzüge von elektrischer Beleuchtung ist künstliches Licht der Feind eines guten Nachtschlafs. Unser Körper hatte nicht genügend Zeit, sich an all die künstlichen Lichtquellen, die unsere Haushalte und die Umwelt bieten, anzupassen und sich zu entwickeln. Blenden Sie das Licht von draußen mit schweren Vorhängen aus oder tragen Sie eine Schlafmaske.

2. Halten Sie den Lärmpegel niedrig. Laute Geräusche während der Nacht (die besonders häufig auftreten, wenn Sie in einer Großstadt leben) können Ihren Schlaf stören, auch wenn Sie davon nicht geweckt werden. Eventuell sollten Sie Ohrstöpsel verwenden oder übertönen Sie Geräusche mit einem Ventilator oder einem Gerät, das weißes Rauschen produziert.

3. Sorgen Sie für die richtige Raumtemperatur. Eine kühle Umgebung ist so vorteilhaft für einen guten Schlaf, dass es sogar eine beliebte Behandlung bei Schlaflosigkeit gibt, die als »passive Körperheizung« bezeichnet wird. Dabei nehmen Sie ein oder zwei Stunden vor dem Schlafengehen ein heißes Bad, um Ihre Körperkerntemperatur zu erhöhen. Die Veränderung der Körpertemperatur (nach dem heißen Bad kühlen Sie ab) macht Sie schläfrig, da Sie

überschüssige Energie verbrauchen, um einen solchen Temperaturabfall zu ermöglichen. Deshalb ist dies auch ein beliebtes abendliches Entspannungsritual. Die gleiche Schläfrigkeit tritt auf, wenn Sie ein eiskaltes Bad nehmen, da der Energieverbrauch, um Ihren Körper wieder auf seine Körperkerntemperatur zu bringen, Sie müde macht und nicht die eigentliche Temperatur des Badewassers.

4. Sie sollten eine bequeme Matratze haben. Wir können das gar nicht genug betonen. Obwohl Sie kein Vermögen für die allerneuesten und besten Modelle ausgeben müssen, sollten Sie doch in Betracht ziehen, wie viel Lebenszeit Sie auf diesem Ding verbringen und dass Sie nur einen Rücken haben. Das sollte doch eine Investition wert sein.

WIE SIE (VORÜBERGEHEND) MIT WENIGER SCHLAF AUSKOMMEN KÖNNEN

Fakt ist: Wenn Sie weniger Schlaf bekommen, als Sie benötigen, können Sie nur hoffen, dass nichts schiefgeht. Auch wenn viele von uns glauben, mit sechs oder gar fünf Stunden Schlaf auszukommen, ist es in Wahrheit so, dass dies für die meisten von uns einfach nicht reicht. Wir alle kommen zeitweise mit weniger Schlaf zurecht (frischgebackene Eltern müssen dies auch eine Weile), aber wir können unserem Körper nicht grundsätzlich antrainieren, weniger Schlaf zu benötigen und gleichzeitig noch mit vollem Schwung zu arbeiten.

»Um ehrlich zu sein, bin ich normalerweise am Ende des Tages ziemlich ausgelaugt. Lesen hilft mir, sehr schnell müde zu werden.«

JEFF RAIDER, MITBEGRÜNDER VON HARRY'S

Die meisten von uns brauchen zwischen sieben und neun Stunden Schlaf pro Nacht. Von all den Menschen, die wir zu ihren Morgen-Ritualen befragt haben, betrug die durchschnittliche Schlafzeit, als dieses Buch in den Druck ging, sieben Stunden und 29 Minuten pro Nacht. Wenn Sie ständig versuchen, mit weniger als sieben Stunden Schlaf auszukommen, wird sich das irgendwann rächen – wahrscheinlich eher früher als später.

Natürlich gibt es Menschen, denen fünf oder sechs Stunden Schlaf völlig ausreichen (passenderweise werden sie als »Kurzschläfer« bezeichnet), aber sie sind sehr selten. Deswegen können wir mit ziemlicher Sicherheit behaupten: Wenn Sie meinen, zu dieser Kategorie zu gehören, tun Sie es mit großer Wahrscheinlichkeit nicht.

Tatsächlich ist es in Wirklichkeit so, dass wir bei der Spanne von sieben bis neun Stunden immer mal wieder das ideale Maß verfehlen (Achtung: Das ist der Durchschnitt, Ihr Schlafbedarf kann größer sein). Wenn Sie Schlaf nachholen müssen, empfehlen wir, tagsüber ein Nickerchen einzulegen. Es gibt zwei Arten von Kurzschlaf, die wir Ihnen vorschlagen möchten:

1. Power Naps: Power Naps dauern zehn bis 20 Minuten und sind eine Form des Kurzschlafs, der bewusst herbeigeführt wird, um die größtmögliche Wirkung aus dem Nickerchen herauszuholen, oder, wie Dr. Leon Lack, Professor der Psychologie an der Flinders University in Australien, es beschreibt: »Kleiner Einsatz, große Wirkung.« Während eines Power Naps bleiben Sie in der zweiten Schlafphase, der Leichtschlafphase (Phase eins ist die Einschlafphase), auch Non-REM-Phase (Non Rapid Eye Movement) genannt. Wenn Sie von einem Power Nap aufwachen, sollten Sie sich geistig erfrischt und energiegeladen fühlen, auch

wenn Sie sich oft nicht sicher sein mögen, ob Sie nun tatsächlich geschlafen haben oder nicht.

2. Kurzschlaf mit komplettem Schlafzyklus: Ein Kurzschlaf von 90 Minuten, also ein kompletter Schlafzyklus, kann Ihnen helfen, Ihr Schlafdefizit zu reduzieren, wenn Sie sich unausgeschlafen fühlen, besonders, wenn sie dieses Nickerchen zwischen 13 und 15 Uhr halten. Während des kompletten Schlafzyklus durchlaufen Sie jede Schlafphase von der zweiten Schlafphase (Leichtschlafphase) über die dritte und vierte Phase (die Tiefschlafphasen), bis Sie schließlich die fünfte Phase erreichen, die REM- oder Traumphase. Die Schlafphasen kehren sich dann um, bis Sie nach 90 Minuten wieder in der Leichtschlafphase angelangt sind. Zu diesem Zeitpunkt sollte Ihr Wecker klingeln, um Schlaftrunkenheit zu vermeiden, ein Gefühl, das Sie überkommen kann, wenn Sie plötzlich geweckt werden (und das dringende Bedürfnis haben, sich wieder schlafen zu legen).

VERMEIDEN SIE KOFFEIN VOR DEM SCHLAFENGEHEN

Viele Menschen, wir auch, trinken koffeinhaltige Getränke wie Kaffee, Tee oder Energydrinks bis spät in den Nachmittag hinein und tun sich deshalb schwer, abends einzuschlafen. In der Früh wachen sie dann noch müde vom Schlafmangel auf und bereiten sich unverzüglich ein neues Getränk zu, womit der Kreislauf von vorne beginnt. Die Trainerin Melody Wilding beschreibt das folgendermaßen: »[Ich habe] meine Erschöpfung mit Koffein förmlich zugepflastert.«

Auch wir genießen unseren Kaffee und Tee, aber wir haben entdeckt, dass es vorteilhaft ist, nach einem bestimmten Zeitpunkt am Nachmittag keine koffeinhaltigen Getränke mehr zu konsumieren. Wenn Sie abends oder kurz vor dem Schlafengehen noch ein heißes Getränk zu sich nehmen wollen, bieten sich koffeinfreie Kräutertees an, die Sie nicht nur nicht wach halten, sondern Ihnen genau das geben, was Sie zum Einschlafen brauchen.

ENTFERNEN SIE ELEKTRONISCHE GERÄTE AUS DEM SCHLAFZIMMER

Blaues Licht (die Farbe, die von unseren Handys, Tablets und Computerbildschirmen kommt) verändert unseren Biorhythmus, blockiert die Melatoninproduktion und fördert den Wachzustand und die Aufmerksamkeit durch eine Erhöhung der Reaktionszeiten und fortgesetzte Aktivierung in Bereichen unseres Gehirns, die sonst langsamer werden und sich auf eine weniger aktivere Rolle während des Schlafs vorbereiten würden.

Eine sogenannte Blaulichttherapie hilft Menschen mit jahreszeitlich bedingten affektiven Störungen (auch bekannt als Winterdepression). Wenn sie mehrere Sitzungen vor einem solchen Licht verbringen, verbessert sich ihr Energiezustand und ihre Stimmung. Das zeigt schon, dass blaues Licht nicht das probate Mittel zum Einschlafen ist. Zwar sind inzwischen Blaulichtfilter für viele unserer Geräte erhältlich, doch es sind eben bloß »Filter«, was bedeutet, dass sie die Menge des durchdringenden blauen Lichts zwar reduzieren, aber es nicht ganz eliminieren.

Anstatt im Bett zu sitzen und auf Ihr Handy zu starren, um noch einmal vor dem Schlafengehen einen Blick auf E-Mails und Social Media zu werfen, nur um das Gleiche gleich nach dem Wachwerden zu wiederholen, sollten Sie lieber in dieser Zeit ein Buch lesen (Belletristik oder irgendetwas, das nichts mit Ihrer Arbeit zu tun hat). Und wenn Sie sich Sorgen machen, ob

Sie wach werden, wenn Ihr Handy, das wahrscheinlich auch Ihr Wecker ist, in einem anderen Zimmer liegt, versuchen Sie es einfach und denken Sie an die damit verbunden Vorteile (mehr dazu auf Seite 203.). Oder legen Sie sich einen analogen Wecker zu. Benjamins Frau hat ihm zu seinem Geburtstag einen Wecker gekauft und seitdem sind ihre Handys aus dem Schlafzimmer verbannt worden.

NUTZEN SIE DIE WOCHENENDEN, UM SCHLAF NACHZUHOLEN

Wir plädieren zwar dafür, dass Sie alles in Ihrer Macht Stehende tun sollten, um jeden Tag den Schlaf zu bekommen, den Sie brauchen, damit sich Ihr Körper auf einen gesunden Schlafrhythmus einstellen kann, doch ist das nicht immer möglich. Der Autor Ben Brooks sagt: »An Wochenenden arbeite ich nicht und verbringe den ganzen Morgen mit den Kindern. Ich stehe noch vor ihnen auf, wenn wir etwas vorhaben. Aber wenn wir nichts vorhaben, schlafe ich auch gerne eine Stunde länger.«

Entscheiden Sie selbst, ob es sich lohnt, an den Wochenenden früh aufzustehen, um Ihr Morgen-Ritual zu absolvieren, auch wenn das bedeutet, dass Sie am Ende nicht genug Schlaf bekommen. Nehmen Sie sich die Worte des Autors Jon Acuff zu Herzen: »Ich würde behaupten, dass ich mich an jenen Tagen weniger motiviert und mehr gestresst fühle, an denen ich keinen Sport treibe und nicht gut schlafe. Der Schlaf ist ausschlaggebend. Es gibt so viele gedankenlose Unternehmer, die sagen: ›Schlafen kannst du, wenn du tot bist. Du musst rund um die Uhr aktiv bleiben.‹ Aber das ist kein Rezept für Erfolg, sondern ein Rezept für Burnout und Scheidung. Erholung ist von entscheidender Bedeutung, wenn man auf Hochtouren laufen will. Für mich ist das Einhalten von Ruhephasen in einer Welt, in der Geschäftigkeit gepriesen wird, schon nahezu eine Heldentat.«

ANDERERSEITS ...

Es gibt kein einziges Argument, das für Schlafmangel sprechen würde.

KAPITEL 7

ELTERN

WIE MAN MIT EINER ARMEE VON
KINDERN IM SCHLEPPTAU DEN HAUCH
EINES MORGEN-RITUALS BEIBEHÄLT

MORGEN-RITUAL OHNE KINDER

MORGEN-RITUAL MIT KINDERN

Auch wenn Sie Kinder haben, verdienen Sie es, ein positives und produktives Morgen-Ritual zu haben wie alle anderen. Lesen Sie dieses Kapitel ruhig auch, wenn Sie keine Kinder haben, denn viele der erwähnten Punkte lassen sich auf die eigene Situation übertragen.

Wir möchten vorausschicken, dass wir Autoren noch keine Eltern sind. Aber die folgenden Morgen-Rituale stammen von Eltern, die genau wie Sie versuchen, alle möglichen Veränderungen in den Griff zu bekommen und ihre Morgen-Rituale so anzupassen, dass sie den sich wandelnden Bedürfnissen ihrer Kinder und der Familien entsprechen.

In diesem Kapitel sprechen wir (unter anderem) mit dem Mitbegründer von Twitter, Biz Stone, darüber, dass es morgens seine wichtigste Aufgabe ist, mit seinem Sohn zu spielen; mit der Gründerin von Cupcakes and Cashmere, Emily Schuman, darüber, wie ihr Baby ihr dabei geholfen hat, sich morgens stärker auf ein Ritual einzulassen und fokussierter zu sein; und mit dem Autor und Journalisten Nick Bilton darüber, dass sein Sport, seit er Vater geworden ist, nun darin besteht, seinen kleinen Jungen durchs Haus zu jagen …

BIZ STONE

Mitbegründer von Twitter und Medium

Wenn die einzige Meditation darin besteht, morgens als Erstes
mit dem Sohn zu spielen.

Wie sieht Ihr Morgen-Ritual aus?

Mein fünf Jahre alter Sohn Jake weckt mich zwischen halb sieben und sieben Uhr. Dann spiele ich mit ihm. Einige Jahre lang waren Legos unsere erste Wahl. Doch kürzlich hat er Minecraft für iPad entdeckt. Wir können zusammen über unser lokales Netzwerk (LAN) spielen, sodass nur er und ich an dem Spiel beteiligt sind. Wir spielen gerne im kreativen Modus, was heißt, dass nichts Schlimmes passieren kann und wir erstaunliche Dinge bauen können.

Nachdem ich ungefähr eine Stunde mit meinem Sohn gespielt habe, ziehe ich mich an. Das kostet nicht viel Zeit, denn ich habe eine Art Uniform. Ich trage jeden Tag Jeans, ein schwarzes T-Shirt und blaue Converse, sodass ich nicht viel Zeit darauf aufwenden muss, mein Outfit auszusuchen. Danach helfe ich auch Jake beim Anziehen. Wenn ich angezogen bin, bereitet uns meine Frau oft ein einfaches, leichtes Frühstück zu (manchmal Porridge, etwas Obst oder Toast mit Avocado), und dann mache ich mich auf zur Arbeit in die Stadt und bringe Jake auf dem Weg dahin zur Schule.

Wie lange pflegen Sie dieses Ritual schon? Was hat sich geändert?

Ich spiele schon seit seiner Geburt gleich nach dem Aufstehen mit meinem Sohn. Mein Ritual hat sich kaum verändert, seitdem er da ist.

Benutzen Sie einen Wecker, um aufzuwachen?

Ich benutze keinen Wecker, denn mein Sohn ist mein Wecker und normalerweise wache ich zu dem Zeitpunkt sowieso auf. Ich verwende einen Wecker nur, wenn ich verreisen und früh aufstehen muss, um zum Flughafen zu kommen.

Gehört Meditation zu Ihrem morgendlichen Ritual?

Bei mir heißt es: aufwachen und gleich präsent sein – also keine Meditation. Es sei denn, man betrachtet das Spielen mit meinem Sohn als eine Art Meditation.

Wann checken Sie Ihr Telefon?

Ich schaue morgens nicht aufs Handy. Ich nehme es nur vom Ladekabel und lege es schon einmal mit den Schlüsseln und dem Portemonnaie auf die Ablage neben der Tür, damit ich es nicht vergesse. Manchmal werfe ich für fünf Minuten nach dem Frühstück einen Blick aufs iPad, um sicherzugehen, dass ich keine wichtigen Neuigkeiten verpasst habe.

Welches Getränk nehmen Sie als Erstes morgens zu sich und wann genau?

Ich fülle eine große Flasche mit Wasser und trinke zuerst einmal die ganze Flasche aus. Damit habe ich vor ein paar Jahren angefangen, weil mein Arzt mir mal erzählt hat, dass jeder Mensch nach der Nacht dehydriert ist. Anschließend trinke ich Kaffee.

Wie halten Sie es auf Reisen?

Wenn ich in einem Hotel aufwache, weil ich auf Geschäftsreise bin, ist mein ganzes Ritual unmöglich und ich weiß nichts mit mir anzufangen. Dann denke ich mir immer, dass ich einen Plan machen und mich daran halten sollte. Sonst bin ich völlig von der Rolle.

Was tun Sie, wenn etwas dazwischenkommt?

Wenn ich keine Möglichkeit habe, mit meinem Sohn zu spielen, habe ich das Gefühl, etwas verpasst zu haben, was ich nicht nachholen kann. Es bereitet mir einfach viel Freude, aufzuwachen und in die Welt eines Fünfjährigen zu schlüpfen, bevor ich dann die Rolle einer »Führungskraft« übernehme.

EMILY SCHUMAN

Gründerin von Cupcakes and Cashmere

Den Morgen damit verbringen, dem eigenen Kind all die Liebe, Zeit und Aufmerksamkeit zu widmen, die es verdient.

Wie sieht Ihr Morgen-Ritual aus?

Ich wache jeden Morgen um sechs Uhr auf. Ich benutze nie einen Wecker (es sei denn, ich muss einen irrsinnig frühen Flug erwischen). Obwohl ich vollkommen geschlossene Jalousien mag, lassen mein Mann und ich die Jalousien so weit geöffnet, dass das Sonnenlicht durchs Fenster dringen kann.

Dann sage ich meinem Mann Guten Morgen und checke meine E-Mails. Früher habe ich mich auch noch mit meinen Social-Media-Accounts beschäftigt, musste aber feststellen, dass mich das für eine halbe Stunde richtig gefangen hielt und ich mich nicht auf das Hier und Jetzt konzentrieren konnte. Nach dem Aufstehen wasche mir kurz das Gesicht und pflege es mit einem Serum, einer Lotion und Sonnencreme, bevor ich mir die Zähne putze.

Ich ziehe mir eine Yogahose und ein Sweatshirt an und gehe ins Zimmer von Sloan (meiner zwei Jahre alten Tochter). Da sie irgendwann zwischen sechs und sieben Uhr aufwacht, diktiert sie auch in gewisser Weise ein wenig meinen Zeitplan. Ich bleibe ein bisschen in ihrem Zimmer, weil sie es mag, noch ein wenig Zeit im Bett zu bleiben, bevor sie aufsteht. Oft lese ich ihr ein paar Bücher vor, während sie noch in ihrem Bettchen liegt. Dann ziehe ich sie an und mache ihr Frühstück. Früher habe ich ihr Essen gemacht, das meinem ähnelte, aber in der Zwischenzeit bin ich zu der Überzeugung gelangt, dass Kinder Abwechslung brauchen. Also mache ich ihr eine Waffel mit Joghurt, schneide etwas Obst auf und stelle noch ein paar Cheerios daneben.

Nachdem Sloan gefrühstückt hat, legen wir etwas Musik auf (zuletzt war es der *Moana*-Soundtrack) und spielen mit der Puppenküche. Meist bereiten wir Cookies, Pasta und Suppe zu, manchmal malen wir oder holen die Knete raus. Unser Kindermädchen kommt um halb neun. Dann gehe ich in mein Zimmer, widme mich meinem Make-up, putze mir noch einmal die Zähne und ziehe mich an. Danach gebe ich Sloan noch einen Kuss und verlasse das Haus.

Wie lange pflegen Sie dieses Ritual schon? Was hat sich geändert?
Ungefähr eineinhalb Jahre. Ich war schon immer eine Frühaufsteherin, aber der Fokus hat sich natürlich verschoben, seitdem ich ein Kind habe. Früher war ich morgens wesentlich spontaner und habe mich viel weniger an Rituale gehalten. Aber Kinder blühen bei Ritualen richtig auf (ich selbst eigentlich auch), daher ist dies eine willkommene Veränderung. Wenn sie in den Kindergarten kommt, werden wir morgens ein bisschen weniger Zeit zum Lesen und Spielen haben, aber ich werde mich trotzdem bemühen, eine ruhige und fröhliche Atmosphäre zu schaffen, bevor wir das Haus verlassen.

Was tun Sie, um sich schon abends auf den Morgen vorzu-bereiten?

Wenn ich zu einem Fitnesskurs gehe (was ich zweimal pro Woche versuche), lege ich meine Trainingssachen schon am Abend heraus, sodass ich vor sieben Uhr morgens keine Entscheidungen treffen muss. Für Tage, an denen ich nicht trainiere, bereite ich gelegentlich schon einmal eine große Portion Porridge oder Granola-Müsli zu, damit das Frühstück schon fertig ist.

Können Sie uns mehr darüber sagen, warum Sie keinen Wecker benutzen?

Ich bin schon mein ganzes Leben lang ein Frühaufsteher gewesen. Als ich noch jung war und man noch Festnetztelefon hatte, gaben mir die Eltern meiner Freunde Zeiten vor, zu denen ich anrufen durfte, weil ich sonst schon um halb sechs Uhr morgen angerufen hätte. In den seltenen Fällen, in denen ich mal einen Wecker gebraucht habe, habe ich nie die Schlummertaste gedrückt. Ich glaube, das habe ich noch nie gemacht! Dabei ist es nicht einmal so, dass ich nicht weiterschlafen möchte, sondern eher, dass ich Angst habe, wieder einzuschlafen und das zu verpassen, weswegen ich überhaupt früh aufstehen wollte.

Was sind Ihre wichtigsten Aufgaben am Morgen?

Mich zu vergewissern, dass Sloan gut versorgt ist und sie das Gefühl hat, dass ich ihr all meine Liebe, Zeit und Aufmerksamkeit schenke. Und ich brauche meinen Kaffee.

Wie fügt sich Ihr Partner in Ihr Morgen-Ritual ein?

Mein Mann und ich wechseln uns tageweise ab, wer sich morgens um Sloan kümmert. An den Tagen, an denen ich dran bin, kann er tun, was er will. Manchmal ist es auch so, dass er mit uns die Zeit verbringt, ab und zu bleibt er im Bett, aber meistens geht er ins Fitnessstudio, um dort an einem frühen Kurs teilzunehmen.

Behalten Sie Ihr Ritual auch an den Wochenenden bei?

Ein Kleinkind zu haben bedeutet, dass wir nie richtig ausschlafen, aber da mein Mann und ich darin nie besonders gut waren, war diese Veränderung auch nicht so hart. Ich lege am Wochenende kein Make-up auf und mache mich nicht besonders fein, sondern trage die meiste Zeit bequeme Kleidung. Und da unser Kindermädchen an den Wochenenden nicht kommt, heißt das, dass wir selbst etwas unternehmen (unsere momentanen Lieblingsausflugziele sind der Strand, ein Trampolinpark, eine Farm, der Zoo oder das Karussell und die Ponys im Griffith Park).

Was tun Sie, wenn etwas dazwischenkommt?

Vor ein paar Wochen bin ich an einem Morgen, an dem mein Mann an der Reihe war, schon um halb sechs aufgewacht und habe im Bett noch gelesen. Eigentlich wollte ich mit ihm aufstehen und die Zeit verbringen, bis ich mich für die Arbeit fertig machen musste. Aber irgendwie habe ich es geschafft, wieder einzuschlafen, und habe völlig verschlafen – ich bin erst um 8:20 Uhr aufgewacht –, das ist sehr ungewöhnlich, wenn man ein zweijähriges Kind hat. Das war ein wahrer Luxus, und auch wenn ich mich den restlichen Morgen richtig beeilen musste, war es eine willkommene Abwechslung und hat mich auf angenehme Weise daran erinnert, dass es wichtig ist, sich ab und zu Zeit für sich selbst zu nehmen.

AMANDA HESSER

Geschäftsführerin von Food52, Kochbuchautorin

Wenn man seine bessere Hälfte als menschlichen Wecker einsetzt.

Wie sieht Ihr Morgen-Ritual aus?

Mein Mann Tad weckt mich netterweise, weil ich jeden Wecker überhöre. Normalerweise ist das morgens gegen Viertel vor sieben. Ich wache unheimlich langsam auf und kann auch nicht gleich aus dem Bett springen. Wenn ich endlich meine Augen öffnen kann, was fünf bis zehn Minuten dauert (meine Augenlider sind so schwer!), lese ich gerne erst einmal die Nachrichten auf dem Handy, damit mein Gehirn in Gang kommt. Habe ich es geschafft, aus dem Bett zu schlüpfen (was meist der Fall ist, wenn ich Tads Schritte höre, der kommt, um nach mir zu schauen), trinke ich ein großes Glas Wasser. Das macht mich richtig wach. Ich bin auch davon überzeugt, dass es jeglichen Unrat des nächtlichen Schlafs fortspült.

Tad macht unseren zehnjährigen Zwillingen Frühstück und liest ihnen laut vor, während sie essen. Zu dieser Zeit schlendere ich gerade in die Küche. Ich mache unseren Kindern die Schulbrote und höre zu, welche Geschichte gerade vorgelesen wird. Derzeit ist es *Herr der Ringe*. Wenn ihre Schulbrote fertig sind, mache ich fünf bis zehn Minuten lang Yoga und nehme dann eine sehr heiße Dusche. Die letzten 15 Minuten, bis ich dann ganz fertig bin, sind immer etwas hektisch – ich bin meist spät dran und hetze mit den Kindern im Schlepptau und den Taschen und der Sonnenbrille schief auf der Nase aus dem Haus.

Um wie viel Uhr gehen Sie schlafen?

Früher war ich eine unglaubliche Nachteule und kam erst um etwa 23 Uhr in Gang. Und da habe ich auch ganz zufrieden bis zwei Uhr nachts gearbeitet. Entsprechend hart waren die Morgenstunden.

Vor ungefähr drei Jahren hat sich das mit einem Mal radikal geändert. Ich musste feststellen, dass ich ohne ausreichend Schlaf nicht mehr so belastbar war und einfach früher müde wurde. Zuerst dachte ich, dass ich das nicht aushalten würde, aber mit der Zeit habe ich meinen neuen Biorhythmus schätzen gelernt. Er hat mich in der Tat zu einem viel gesünderen Schlafrhythmus gezwungen. Jetzt bin ich gegen 22 oder 22:30 Uhr im Bett und schlafe gegen 23 Uhr ein.

Was tun Sie, um sich schon abends auf den Morgen vorzubereiten?

Tad macht sich darüber lustig, aber alte Gewohnheiten lassen sich schlecht ablegen. Schon in jungen Jahren habe ich vor jedem Schultag alle meine Anziehsachen am Abend vorher rausgelegt, und das mache ich noch immer! Ich lege alles bereit, von meiner Unterwäsche bis zu meinem Schmuck. Ich packe auch schon meinen Rucksack und das Portemonnaie. Dieses Ritual gibt mir vor dem Schlafengehen ein Gefühl der Gelassenheit.

Ich vergewissere mich auch, dass die Küche aufgeräumt und für den nächsten Tag vorbereitet ist. Für mich gibt es nichts Deprimierenderes, als morgens in eine nicht aufgeräumte Küche zu kommen.

Wie viel Zeit vergeht zwischen dem Aufwachen und dem Frühstück?

Wenn ich direkt ins Büro gehe, hole ich mir unterwegs ein Croissant und einen koffeinfreien Kaffee mit Sojamilch. Lassen Sie uns nicht über koffeinfrei und Sojamilch reden, ich finde beides deprimierend, aber es muss sein.

Ich ziehe Meetings zum Frühstück denen zur Mittagszeit vor. Wenn ich also jemanden zum Frühstück treffe, bestelle ich pochierte Eier, Toast mit Butter, Orangensaft und Kaffee. Ich mag einfaches und bekömmliches Essen am Morgen. Mittags und abends kann man kulinarischen Launen nachgeben.

BOB FERGUSON

Staatsanwalt des US-Bundesstaates Washington

Wenn die Morgenstunden denen gewidmet sind,
die einem am nächsten stehen.

Wie sieht Ihr Morgen-Ritual aus?

Ich wache jeden Morgen zwischen fünf Uhr und halb sieben Uhr auf. Mein Ritual ist einfach: Zuerst nehme ich mir ein wenig Zeit für mich selbst – Frühstück, Kaffee, die Morgennachrichten (okay, vielleicht kümmere ich mich früher um die Nachrichten, als ich es eigentlich sollte). Dann wecke ich unsere neun Jahre alten Zwillinge Jack und Katie – und meine Frau Colleen – und mache sie für die Schule fertig.

Die Zwillinge stehen jeden Tag um halb acht Uhr auf, pünktlich wie ein Uhrwerk. Ich bin gerne derjenige, der sie morgens weckt. Katie steht sofort mit einem Lächeln im Gesicht auf. Bei Jack zieht es sich immer ein wenig in die Länge. Wir unterhalten uns (besser gesagt, Katie, Colleen und ich tun das, während Jack noch etwas Zeit braucht). Währenddessen bereiten Colleen und ich ihr Frühstück vor. Sie lesen gerne beim Frühstück in ihren Büchern. Ich glaube fest daran, dass es sehr wichtig ist, wie man in den Tag startet. Es passiert schon mal, dass es bei Meetings oder anderen anstehenden Termine in der Arbeit spät wird, und da ich deshalb nicht garantieren kann, dass ich später am Tag noch Zeit für die Kinder habe, widme ich ihnen gerne meine Zeit am Morgen.

Was tun Sie, um sich schon abends auf den Morgen vorzu-bereiten?

Ich versuche, Meetings am Morgen zu vermeiden, damit ich zu Hause bei den Kindern sein kann. Wenn ich doch schon früh eine Besprechung habe, lege ich am Abend vorher meine Kleidung und alles Nötige raus, sodass ich unbemerkt das Haus verlassen kann, ohne jemanden zu wecken.

Beantworten Sie morgens als Erstes Ihre E-Mails?

Während ich meist schon früh auf meinem Handy die Nachrichten lese, versuche ich, meine Mails erst später am Tag zu beantworten. Die frühen Morgenstunden gehören meiner Familie und mir.

Behalten Sie Ihr Ritual auch an den Wochenenden bei?

Jack und Colleen schlafen dann manchmal länger, doch Katie ist eine Frühaufsteherin. An den Wochenenden verbringe ich morgens häufig mit ihr allein Zeit. Ich gehe in ihr Zimmer und lese ihr vor, bis Jack aufwacht. Dann gehe ich zu ihm ins Zimmer hinüber und lese ihm eine Weile vor, bis für jeden der Tag beginnt.

JAMIE MOREA

Mitbegründerin von Hyperbiotics und Valentia Skin Care

Wenn man feststellt, dass man die Mutter eines liebenswerten kleinen Diktators ist.

Wie sieht Ihr Morgen-Ritual aus?

Ich möchte die Gelegenheit nutzen, allen Antworten zu meinem Morgen-Ritual eine einfache Tatsache vorauszuschicken: Ich bin die Mutter eines Kleinkindes, das gestillt wird, neben mir im Bett schläft und offensichtlich große Freude daran findet, den Untergang nahezu jeden Rituals mitzuerleben, an das ich mich zu halten versuche. Gleichwohl wache ich (wachen wir) an einem herrlichen Tag nach einem gelungenen Abend um halb acht Uhr morgens auf. Da mein Sohn seinen Tag gerne mit Milch und Kuscheln beginnt, bleiben wir normalerweise noch eine Weile im Bett liegen, was es mir ermöglicht, langsam wach zu werden. Plötzlich stellt dann mein liebenswerter kleiner Diktator fest, dass das langweilig ist und er spielen will. Normalerweise ruft er unseren Hund Annie herbei und möchte dann nach draußen gehen.

Zu diesem Zeitpunkt hat mein Lebensretter und Ehemann bereits angefangen, mir meinen mit speziellem Wasser zubereiteten, koffeinfreien Latte mit selbst gemachter Mandelmilch und MCT-Öl zu brauen. Ich habe kürzlich meinen Koffeinkonsum gegen eine eher basische Ernährung eingetauscht, aber dank der Pawlow'schen Konditionierung verhält es sich bei mir so, dass etwas wie Kaffee schmeckt, solange es wie Kaffee aussieht. (Die Pawlow'sche Konditionierung oder die Theorie der klassischen Konditionierung wurde eher zufällig in den 1890er-Jahren von dem russischen Physiologen Iwan Pawlow entdeckt. Während er die Rolle des Speichels beim Verdauungsprozess von Hunden studierte, stellte er fest, dass die Hunde bei seinen Versuchen bereits in Erwartung von Futter Speichelfluss entwickelten, selbst wenn kein Futter vorhanden war.)

An einem perfekten Tag, vorausgesetzt Mann und Kind sind willens, spielen sie draußen und ich schleiche mich für eine kurze Meditations- und Yogasession nach oben.

Das Elterndasein hat mich gezwungen, flexibel zu werden und das Beste aus dem zu machen, was an jedem beliebigen Tag gerade anstehen mag. Früher habe ich acht bis neun Stunden geschlafen und jeden Tag mit Yoga, Meditation und meinem Tagebuch begonnen. Ich war klar im Kopf, setzte mir meine Ziele und besaß sogar die Kühnheit, mich um mein Aussehen zu kümmern. Ich verbrachte tatsächlich Zeit damit, mir die Haare zu machen und mir meine Kleidung auszusuchen. Ha! Ich weiß, dass alle Babys verschieden sind, aber unseres ist alles andere als ruhig und pflegeleicht. Ich habe mich in jeglichem Bereich meines Lebens darauf eingestellt, seine starke und hitzköpfige Persönlichkeit zu unterstützen und zu pflegen. Ich weiß, dass der Tag kommen wird, an dem er mich weniger braucht und ich in der Lage sein werde, zu meiner idealen, strukturierteren Lebensweise zurückzukehren.

Bis dahin ist es eine gute Sache, dass Schönheit von innen kommt, denn derzeit improvisieren wir einfach und versuchen, das Beste aus der Situation zu machen.

Wie viel Zeit vergeht zwischen dem Aufwachen und dem Frühstück?

Ich bin eine große Anhängerin des intermittierenden Fastens, seitdem ich erfahren habe, wie positiv sich das auf die Gesundheit der Darmflora auswirkt. Daher versuche ich, die Zeitspanne zwischen dem Abendessen und dem ersten Bissen am Morgen zu maximieren. Normalerweise schaffe ich es, zwölf Stunden, manchmal sogar bis zu 15 Stunden lang, nichts zu essen.

Gehört Meditation zu Ihrem morgendlichen Ritual?

Ich praktiziere vedische Meditation. Vor einigen Jahren habe ich an einem Kurs teilgenommen, der mir geholfen hat, eine entsprechende Übung zu entwickeln, und das hat mich von innen heraus verändert. In der Lage zu sein, ein so vollkommenes Gefühl von Ruhe, Stille und Klarheit zu erreichen, ist eine Superkraft, die uns allen zur Verfügung stehen sollte.

Was sind Ihre wichtigsten Aufgaben am Morgen?

Mit meinem Mann zu planen, wie wir die Aufgaben unter uns verteilen (normalerweise hängt das davon ab, wer von uns am müdesten ist).

Was tun Sie, wenn etwas dazwischenkommt?

Früher war ich regelrecht aufgeschmissen, wenn ich den Tag nicht so beginnen konnte, wie ich wollte. Jetzt tue ich mein Bestes, es als Geschenk zu betrachten. Tage, an denen ich mich nicht wohlfühle und es doch schaffe, für mich alles hinzubekommen, enden meist voller wunderbarer Überraschungen.

Statt also frustriert zu sein, wenn mich mein Kleiner um vier Uhr in der Früh weckt, versuche ich, mich darauf zu konzentrieren, wie einzigartig und schön es ist, Mutter zu sein, und wie großartig es ist, dass so ein zauberhaftes kleines Wesen für ein paar Jahre von mir abhängig ist.

NICK BILTON

Sonderkorrespondent der *Vanity Fair*,
Autor von *American Kingpin*

Wenn man den Morgen damit verbringt, den Hund vor dem
Kleinkind zu schützen, das Baby vor dem Hund und
das Kleinkind vor sich selbst.

Wie sieht Ihr Morgen-Ritual aus?

Ich habe zwei Morgen-Rituale. Eines, bevor die Kinder da waren, und das andere, seitdem die Kinder da sind.

Bevor die Kinder geboren wurden (wir haben zwei unter zwei Jahre alte Kinder), waren meine Vormittage recht geordnet. Ich bin um sechs Uhr aufgewacht, habe den Hund gefüttert, Kaffee gemacht, mir ein altes Sweatshirt angezogen und mich dann in mein Arbeitszimmer begeben, um dort zu lesen, zu schreiben oder beides zu tun. Wenn ich an einem Buch oder an einem Beitrag für ein großes Magazin schreibe, schalte ich meistens mein WLAN aus und mein Handy auf Flugmodus, damit ich es nicht mitbekomme, wenn neue Mails eingehen oder ein unwichtiger Anruf mich aus meinen Gedanken aufschreckt. Das Internet lenkt ab, und wenn ich etwas für einen Abschnitt, an dem ich gerade schreibe, nachschauen muss, kann ich das später machen. (Zu dieser Zeit habe ich normalerweise meine zweite Tasse Kaffee getrunken.) Ich habe das Gefühl, dass ich morgens, wenn ich ohne Störung im Arbeitszimmer bin, in den ersten Stunden des Tages mehr schreiben kann als in den gesamten darauffolgenden zwölf Stunden. Gegen halb neun Uhr ist meine Frau aufgewacht und ich habe ihr Kaffee ans Bett gebracht und bin dann eine Runde mit dem Hund gegangen.

Das hat sich alles geändert, seitdem die Kinder geboren wurden. Jetzt habe ich Ritual Nummer zwei: Ich wache um halb sechs Uhr morgens auf und werde durch Schreie wie »Dada!« und »Runter!«, »Cartoons!« und »Eierbrot!« ins Zimmer des Zweijährigen zitiert. Zum Glück brauche ich nicht viel Schlaf – ich komme mit fünf Stunden aus –, da meine Frau und ich aber normalerweise auch abends einige Male geweckt werden, sind meine Augen zu diesem Zeitpunkt noch ziemlich verquollen. Dann kommt eine richtige Lawine ins Rollen, bei der der Hund vor dem kleinen Jungen geschützt werden muss, das Baby vor dem Hund, der kleine Racker vor sich selbst und das Frühstück gemacht werden muss. Ich trinke ein paar Tassen Kaffee und jage meinen Sohn durchs Haus und über den Hof, während dieser schreiend und krakeelend im Kreis läuft, als wäre er bei einem Wrestling-Kampf aktiv dabei. Wir unterbrechen dieses Chaos dann, damit die ganze Familie mit dem

Hund spazieren gehen kann (was neuerdings mein liebster Teil des Tages ist). Falls ich Glück habe, kann ich um halb zehn Uhr, wenn das Kindermädchen kommt, anfangen zu schreiben. Aber häufig läuft es darauf hinaus, dass ich das Haus verlasse, um in einem Café zu arbeiten, weil es zu Hause einfach zu chaotisch ist.

Wie lange pflegen Sie dieses Ritual schon? Was hat sich geändert?

Das erste Ritual habe ich über viele Jahre beibehalten. Bevor ich Sonderkorrespondent für die *Vanity Fair* wurde, war ich Reporter und Kolumnist bei der *New York Times* und habe während meiner Zeit dort gleichzeitig Bücher geschrieben. Ich bin also um sechs Uhr morgens aufgestanden, habe die ersten zwei oder drei Stunden an meinem Buch geschrieben und danach mit meiner Arbeit für die *New York Times* begonnen. Abends vor dem Schlafengehen habe ich mich noch mal ans Buch gemacht und redigiert.

Das neue Ritual läuft nun seit exakt zwei Jahren. Ich denke, dass beide Rituale sich letztendlich, wenn die Kinder älter werden, miteinander vermischen werden. Aber das dauert noch, bis das geschieht.

Mein altes Morgen-Ritual aus der Zeit vor den Kindern lässt sich am besten so beschreiben: Ich sitze in einem schönen alten Boot auf einem ruhigen See. Es ist ein Sommernachmittag, die Vögel flattern an mir vorbei und eine sanfte Brise streift die Bäume.

Mein neues Ritual mit den Kindern ähnelt eher einem dieser riesigen Frachtschiffe, die sich mitten durch den Ozean kämpfen, während ein Nordwestwind in der Ferne wütet und Wellen erzeugt, die so hoch sind, dass sie wie Berge mitten im Meer aussehen. Ich liebe ehrlich gesagt beide Rituale. Sie führen halt zu enorm unterschiedlichen Vormittagen.

Um wie viel Uhr gehen Sie schlafen?

Ich gehe ungefähr um 22:30 oder 23 Uhr zu Bett, lese noch ein wenig auf meinem Handy-Display (ich weiß, dass das eine schlechte Angewohnheit ist) und schlafe dann 30 Minuten später ein. Ich übertreibe nicht, wenn ich behaupte, dass es, sobald ich meinen Kopf aufs Kissen lege, nur ein paar Sekunden dauert, bis ich eingeschlafen bin.

Benutzen Sie einen Wecker, um aufzuwachen?

Nein. Ich habe einen menschlichen Wecker, der um halb sechs Uhr wach wird. Und wenn der menschliche Wecker zufällig einmal verschläft (eine Seltenheit, die aber vorkommt), dann weckt mich sicherlich mein vierbeiniger Wecker um sechs Uhr, indem er mit dem Schwanz wedelt und seine feuchte Nase in mein Gesicht stupst.

Haben Sie morgens ein bestimmtes Trainingsprogramm?

Ja. Ich jage den Kleinen rund ums Haus.

Welches Getränk nehmen Sie als Erstes morgens zu sich und wann genau?

Kaffee. Schwarz. Wenige Minuten nachdem ich wach geworden bin.

Wie fügt sich Ihre Partnerin in Ihr Morgen-Ritual ein?

Meine Frau hat normalerweise viel Zeit in der Nacht mit dem kleinen Baby verbracht, also achte ich darauf, dass sie sich noch ein wenig ausruhen kann. Wenn sie es geschafft hat, etwas Schlaf zu bekommen (eine weitere Seltenheit), dann stehen wir gemeinsam auf und verbringen unsere Zeit als Familie, machen Pfannkuchen und gehen spazieren, was ehrlich gesagt das beste Ritual ist, das es gibt.

Wie halten Sie es auf Reisen?

Wenn ich wegen der Arbeit auf Reisen bin und im Hotel übernachte, tue ich mein Bestes, um das Morgen-Ritual auszuführen, das ich vor den Kindern hatte: früh aufstehen und ein paar Stunden arbeiten, bevor der Tag beginnt.

Möchten Sie noch etwas hinzufügen?

Mit Anfang 20 dachte ich, dass Rituale keinen Spaß machen und für Menschen sind, die nichts Neues erleben wollen. Ich erinnere mich, dass ich jeden Morgen einen anderen Weg zur Arbeit eingeschlagen habe oder mich jeden Tag in ein anderes Café gesetzt habe. Mit dem Älterwerden habe ich die Morgen-Rituale schätzen und lieben gelernt, ob ich nun allein in meinem Arbeitszimmer sitze und schreibe oder einen Zweijährigen durchs Haus jage.

NUN SIND SIE DRAN

»Vor allem muss man zur Kenntnis nehmen,
dass die Morgen-Rituale von Eltern grundlegend anders sind
als die von Menschen ohne Kinder.«

DAVE ASPREY, GRÜNDER VON BULLETPROOF COFFEE

Unseren Recherchen zufolge hat Dave Recht. Wenn Sie ein Morgen-Ritual hatten, bevor Sie Kinder bekamen, haben Sie wahrscheinlich auch festgestellt, dass dieses in dem Moment, als ein Baby hinzukam, auf der Strecke geblieben ist. Julie Zhuo sagt: »Bevor ich Kinder hatte, war ich morgens nicht so straff organisiert. Mit Kindern muss man viel mehr Dinge berücksichtigen.«

Hier sind unsere gesammelten Ratschläge dafür, wie Sie sich darauf einstellen und Ihr Morgen-Ritual genießen können, auch wenn Sie kleine Kinder haben:

STEHEN SIE AUF, BEVOR IHRE KINDER AUFWACHEN

Sie brauchen Zeit für sich selbst. Wahrscheinlich haben Sie, nachdem Ihr Baby geboren wurde und nach Hause kam, all Ihre Zeit darauf verwendet, dass es gesund und munter ist. Das ist eine Übergangsphase, die alle frischgebackenen Eltern durchmachen. Die Autorin und Podcast-Moderatorin der WNYC Studios Manoush Zomorodi erzählt: »Vor den Kindern war ich nie eine Frühaufsteherin, und als sie klein waren, versuchte ich eben dann zu schlafen, wenn sie schliefen. Warum in aller Welt sollte ich mir einen Wecker stellen, wenn ich ohnehin dauernd erschöpft war?! Jetzt, da wir in etwa denselben Zeitplan haben, habe ich beschlossen, dass ich noch etwas erledigen möchte, bevor ich mich um all die hektischen Kleinigkeiten kümmern muss, damit sie rechtzeitig für die Schule aus dem Haus kommen.«

Das funktioniert nicht bei jedem und ist abhängig davon, wie gut Ihre Kinder die Nacht durchschlafen. Wenn Sie sich um ein Baby kümmern müssen, empfehlen wir Ihnen, sich erst einmal etwas Schlaf zu gönnen und das Morgen-Ritual hintanzustellen, denn es wird wahrscheinlich sowieso nicht anders funktionieren. Aber wenn Sie vor Ihren Kindern aufstehen können, dann tun Sie das.

> »Meine Vormittage, bevor die Kinder da waren, erscheinen mir jetzt als der reine Luxus! Wenn ich es schaffe, aufzustehen und mich vollkommen fertig zu machen, bevor mein Sohn wach ist, fühle ich mich immer besser.«
>
> LAURA ROEDER, UNTERNEHMERIN

Nehmen Sie sich morgens etwas ungestörte Zeit für sich, indem Sie vor den Kindern aufstehen. Stehen Sie nicht zur selben Zeit auf wie die Kleinen, sonst haben Sie keinen Moment für sich. Wenn Sie sich diese Zeit gönnen, wird es Ihnen leichter fallen, den Kindern Ihre ganze Aufmerksamkeit zu schenken, sobald sie wach sind.

PASSEN SIE IHR MORGEN-RITUAL DEN BEDÜRFNISSEN IHRER KINDER AN

Die norwegische Künstlerin Victoria Durnak bemerkt: »Das Leben mit einem Kind bedeutet, dass die Gewohnheiten ständig neu gestaltet werden müssen. Wir folgen einem Ritual, und dann lernt mein Sohn etwas Neues oder seine Zähne bereiten ihm Ärger oder er hat vor etwas Angst oder seine Bedürfnisse verändern sich, und schon muss das Ritual angepasst werden.« Ganz ähnlich bringt es Jamie Morea auf den Punkt: »Das Elterndasein hat mich gezwungen, flexibel zu sein und das Beste aus dem zu machen, was an jedem Tag gerade ansteht.«

Wenn Ihre Kinder älter werden, haben sie ihre eigenen Zeitpläne. Passen Sie sich dementsprechend an. In den zeitlosen Worten der Mitbegründerin und Präsidentin von Food52, Merrill Stubbs: »Es dreht sich alles um Flexibilität und Spontaneität. Ich kann nicht an einem bestimmten Ritual kleben, sonst bin ich enttäuscht, wenn etwas schiefgeht. Ich meine, man muss die Scheiße nehmen, wie sie kommt. Im wahrsten Sinne des Wortes.«

KINDER BRAUCHEN RITUALE

Kindern tun Rituale gut, ganz ähnlich wie Erwachsenen. Sich mit Babys und kleinen Kindern fest an ein Morgen-Ritual zu halten, ist wichtig für ihre Entwicklung und ihr allgemeines Wohlbefinden auf dem weiteren Weg durchs Leben.

Wenn Sie mit Babys und kleinen Kindern verreisen, versuchen Sie, Ihr Reise-Ritual so ähnlich zu gestalten wie zu Hause. Wichtig ist, sich ein Ritual gut zu überlegen und sich dann daran zu halten. Sie werden das zu schätzen lernen, wenn Ihre Kinder in die Schule kommen: Die Rituale, die Sie anwenden, um Ihre Kinder morgens für die Schule fertig zu machen, werden diesen auch helfen, wenn sie erwachsen werden.

Merrill Stubbs merkt dazu an, dass ihre wichtigste Aufgabe morgens darin besteht, »jeden rechtzeitig aus dem Haus zu bekommen. Das passendste Bild, um meine Morgenstunden zu beschreiben, ist das, wie eine Kanonenkugel abgefeuert zu werden.«

SCHAUEN SIE MORGENS NICHT AUF IHRE ELEKTRONISCHEN GERÄTE

Das ist leichter gesagt als getan, aber wir schlagen vor, dass Sie es sich daheim zur Regel machen, morgens nicht Ihr Handy oder andere Geräte zu checken, wenn Ihre Kinder Sie dabei sehen können (müssen Sie doch einmal kurz aufs Handy schauen, dann tun Sie es im Verborgenen).

> »Ich versuche, mein Handy erst dann zu checken, wenn meine Männer das Haus verlassen haben und zur Schule bzw. zur Arbeit gegangen sind. So kann ich mich ganz auf meinen Sohn konzentrieren und mich auf die Zeit mit ihm einlassen.«
>
> ROBYN DEVINE, UNTERNEHMERIN

So schaffen Sie es auch, für Ihre Kinder viel präsenter zu sein. Sie können es dann genießen, das Frühstück vorzubereiten und mit ihnen gemeinsam zu frühstücken. Wenn die Kinder älter werden, können Sie mit ihnen über den vor ihnen liegenden Tag reden und darüber, worauf sie sich freuen. Ihre Kinder werden sich an diese Momente erinnern, an die Zeiten, die sie wirklich gemeinsam verbracht haben und in denen sie Ihre ganze Aufmerksamkeit hatten.

VERABSCHIEDEN SIE SICH MORGENS LIEBEVOLL

Wenn Sie den Tag nicht mit Ihren Kindern verbringen, sollten Sie sichergehen, dass es morgens um deren (und Ihr eigenes) emotionales Wohlbefinden gut steht, und sich liebevoll verabschieden. Dan Counsell sagt, dass es morgens zu seinen wichtigsten Aufgaben gehört, »mich liebevoll von meiner Frau und meinen Kindern zu verabschieden. Küsse, Umarmungen und jede Menge Liebesbekenntnisse. Das mag furchtbar kitschig klingen, aber mir ist nichts wichtiger als meine Familie.«

Genießen Sie solche Augenblicke und verlassen Sie das Haus mit einem positiven Gefühl.

DENKEN SIE DARAN, ES GEHT VORBEI

Ihre elterliche Fürsorge ist zeitlich begrenzt – das kann man sowohl positiv als auch negativ finden. Selbst wenn Sie vier oder fünf Kinder haben, wird der Moment, in dem Sie ein Baby zu versorgen haben, irgendwann vorbei sein. Machen Sie das Beste daraus, solange die Kinder da sind, und denken Sie daran, dass Sie zu einem stärker auf sich selbst fokussierten Morgen-Ritual zurückkehren können, wenn die Kinder aus dem Haus sind.

Nathan Kontny, Geschäftsführer von Highrise, drückt es sehr einfach aus: »Ich liebe es, gemeinsam zu essen, abzuhängen und etwas zu lesen, bevor sie [Nathans Tochter] ihren Tag beginnt. Das erdet mich für den vor mir liegenden Tag.«

Ein guter Start in den Tag ist für das Wohlbefinden von Ihnen und Ihren Kinder unglaublich wichtig. Lassen Sie sich voll und ganz darauf ein – es ist das Allerwichtigste. Der Designer und Autor Manuel Lima stellt fest: »Bevor Chloe geboren wurde, habe ich immer versucht, mich fit zu halten und gesund zu ernähren, aber zu oft habe ich bis spät in die Nacht gearbeitet und mehrmals morgens auf die Schlummertaste gedrückt, nur um dann ohne richtiges Frühstück zur Arbeit zu hetzen. Wegen Chloe gehe ich jetzt früher ins Bett und habe so auch begonnen, die Ruhe des frühen Morgens zu entdecken und ungestörte, gemütliche Mahlzeiten zu genießen. Ich glaube, dass ich jetzt nicht mehr zu meinem scheinbar flexiblen, aber eigentlich ungeordneten Ritual zurückkehren könnte.«

ANDERERSEITS ...

Es gibt hier nichts dagegen zu sagen. Denken Sie einfach daran, dass die Zeit sehr schnell vorübergeht.

KAPITEL 8

SELBST-FÜRSORGE

BEGINNEN SIE DEN TAG MIT SANFTMUT

 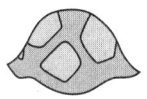

ER BLEIBT DA BIS ACHT UHR MORGENS DRIN.
DIE ZEIT GÖNNT ER SICH.

Im Gegensatz zu jeder anderen Tageszeit bietet Ihnen der Morgen immer wieder die Möglichkeit, neu zu beginnen – Sie haben quasi ein unbeschriebenes Blatt Papier vor sich. Doch dieses Blatt kann sehr schnell durch die Verpflichtungen, die ein Tag mit sich bringt, vollgeschrieben sein, und dann sind alle Pläne, einen klaren Kopf und Ruhe zu bewahren, dahin.

Was wäre, wenn wir Ihnen sagen würden, dass dieses Blatt Papier viel länger unbeschrieben bleiben könnte? Dass Sie, wenn Sie morgens das Tempo drosseln, Ihren ganzen Tag entschleunigen können? Dass Sie sich die Zeit und den Raum geben können, um sich um Ihre tiefsten Bedürfnisse zu kümmern, damit Sie den Tag gewissermaßen mit Sanftmut beginnen? Sanftmut gegenüber sich selbst, gegenüber Ihrem Ehepartner und gegenüber allen um sich herum.

In diesem Kapitel sprechen wir (unter anderem) mit der preisgekrönten japanischen Illustratorin Yuko Shimizu darüber, warum sie morgens einen Bummelzug zur Arbeit nimmt; mit der bildenden Künstlerin und Illustratorin Lisa Congdon darüber, dass ihr Morgen-Ritual sie erdet und ihre Kreativität befeuert; und mit Dr. John Berardi darüber, dass er sich jeden Morgen eine Zeit lang auf seine Küchentheke setzt.

ELLE LUNA

Künstlerin, Autorin von *The Crossroads of Should and Must*

Wenn es so wichtig ist, sich an seine Träume zu erinnern,
dass man eine regelrechte Wissenschaft daraus macht.

Wie sieht Ihr Morgen-Ritual aus?

Nach dem Aufwachen versuche ich als Erstes, mich an meine
Träume zu erinnern! Erinnern Sie sich an Ihre Träume? Ich
habe dieses seltsame Gefühl, dass es wirklich sehr wichtig ist,
dass wir uns unsere Träume bewusst machen. Träume geben
uns Hinweise und Einblicke, was wirklich in uns vorgeht. Und
es hat schon immer, zu jeder Zeit, viele Menschen gegeben, die
aus ihren Träumen etwas gelernt haben. Wussten Sie, dass
Mary Shelley *Frankenstein* schrieb, weil sie die Geschichte ge-
träumt hatte? Und dass Paul McCartney die Melodie zu dem
Song *Yesterday* im Traum gehört hat? Der Psychologe Carl
Jung erforschte seine Träume und teilte sie Sigmund Freud
mit. Und jetzt kann man sogar dieses tolle Buch mit dem Titel
Das Buch der Symbole kaufen, das auf den Arbeiten des Mytho-
logen Joseph Campbell basiert und Träume und Symbole beschreibt.

Einer der für mich effektivsten Wege, um meine Träume
festzuhalten, ist, den Stimmenrekorder meines Handys zu benutzen. Während ich noch im Halbschlaf bin, erzähle ich laut
meine Träume nach. Außerdem versuche ich, einen Kommen-
tar dazu abzugeben, welche Gefühle der Traum in mir aus-
gelöst hat. Zum Beispiel hatte ich einmal einen Traum, in dem
eine riesige Kobra vor mir aufgetaucht ist. Normalerweise
würde man annehmen, dass eine Schlange im Traum ein Symbol der Angst ist, aber als ich mir selbst davon erzählt habe,

habe ich eher betont, dass diese Schlange so majestätisch war, so kraftvoll und schön, dass ich mich nicht gefürchtet habe. Ich glaube, es war Carl Jung, der mal gesagt hat, dass entscheidend ist, was die Träume für uns bedeuten und wie wir sie interpretieren. Es geht nicht darum, wie in einem Traumlexikon ein Symbol gedeutet wird oder was ein Freund denkt, sondern wie wir es in dem Augenblick sehen. Das hat mir gefallen.

Nachdem ich meine Träume festgehalten habe (inzwischen male ich sie), brechen Tilly, mein Cockerspaniel, und ich zu einem gemächlichen Morgenspaziergang auf. Wir trödeln herum, bleiben öfter stehen und schauen uns irgendwelche Dinge an.

Als Nächstes gibt es Kaffee. Früher habe ich mehrere Tassen Kaffee am Tag getrunken, aber eines Tages hat mir mein Nachbar Michael eine Tasse Kaffee gemacht, die so köstlich war – und damit meine ich wirklich überwältigend –, dass eine Tasse vollkommen genügte. Mit einem Mal verwandelte ich mich vom Kaffee-Vieltrinker zu einem Menschen, dem eine Tasse reicht. Ich erinnere mich an den Morgen, als ich Michael dabei zusah, wie er mit geschlossenen Augen an der Packung Kaffeebohnen roch. Er kam dann zu mir, hielt mir die Packung unter die Nase und fragte mich: »Was riechst du?« Kirschen und Rosen! Ich hatte mir vorher nie die Zeit genommen, so an meinem Kaffee zu riechen. Er zeigte mir, wie man aus dem gesamten Prozess des Kaffeezubereitens ein wahres Erlebnis macht – vom Wasserkochen bis zum ersten Schluck. An jenem Tag habe ich viel durch Zuschauen gelernt und seitdem hat das Zubereiten einer heißen Tasse Kaffee am Morgen einen ganz besonderen Platz in meinem Tagesablauf.

Nach dem Kaffee wende ich mich dem Altar in meinem Atelier zu. Dieser Altar ist das spirituelle Herz des Raumes. Wenn ich mich ihm zuwende, fühle ich mich wieder mit Bali verbunden, wo ich den Altar gefunden habe, und ich denke an die Frauen, die tägliche Zeremonien vor den Altären abhalten. Wenn Sie jemals auf Bali waren, wissen Sie, dass das Land mit Altären übersät ist. Sie sind allgegenwärtig! Und sie sind farbenprächtig und mit frischen Blumen und Räucherkerzen bedeckt. Die ganze Insel riecht nach Jasmin, Sandelholz und frischen, zarten Blüten. Was für ein Erlebnis!

Ich verbringe ziemlich viel Zeit auf Bali und arbeite dort mit Batik-Künstlerinnen an einem Textilprojekt, das ich leite, dem Bulan Project. Die Morgenstunden sind dort eine magische Tageszeit – man kann die Hähne krähen hören und die Enten, die auf den Reisfeldern ihr Frühstück suchen. Mit ihren festlichen Sarongs bilden die Frauen wunderschöne Farbkompositionen, die sich zwischen den Palmen und den Reisfeldern bewegen. Sie tragen üppig beladene Schalen mit selbst gemachten Opfergaben aus geflochtenen Palmblättern, frischen Blumen und kleinen Päckchen mit frischen Pfefferminzbonbons und Keksen. Sie müssen Stunden damit verbringen, täglich diese Opfergaben zuzubereiten – sie sind einfach unglaublich.

Und wenn sich diese Frauen den Altären zuwenden, wirkt es, als würden sie schweben. Sie strahlen. Und wenn man nicht ohnehin schon wach bist (vielleicht liegt man ja noch im Bett und denkt an seine Träume), wacht man vom Geruch dieser Schalen auf, die draußen vor dem Fenster vorbeigetragen werden. Es ist geradezu magisch, dieser Geruch und ihre Hingabe an diese Zeremonie.

Eines Tages habe ich einen Altar gefunden und ihn nach San Francisco mitgebracht. Ich habe ihn in meiner Küche aufgehängt und verneige mich jeden Morgen vor ihm. Wenn ich die Räucherkerzen anzünde, führt mich der Geruch durch Raum und Zeit. Ist Ihnen das jemals passiert? Geruch hat eine große Wirkung, und mich vor dem Altar zu verneigen, ist ein ganz besonderer, heiliger Teil meines Morgen-Rituals.

Nach dem Altar setze ich mich und mache mich an die Morgenseiten. Dies ist eine Übung, die ich von Julia Camerons *The Artist's Way* gelernt habe. Dabei geht es darum, drei Seiten mit der Hand zu schreiben. Ich glaube, sie hat das mal als »Braindrain« bezeichnet, als Abfluss der Gedanken, was eine wirklich wunderbare Umschreibung dessen ist, wie es sich anfühlt. Das Ganze kostet einen nur etwa 15 Minuten, aber durch das tägliche Schreiben leert man den mentalen Müll aus seinem Kopf und kippt ihn auf das Papier. Alles und jedes hat auf diesen Seiten Platz, denn sie sind nur für einen selbst bestimmt. Cameron rät jedoch, sechs Wochen zu warten, bevor man liest, was man geschrieben hat. Die Übung mit den Morgenseiten ist so, als ob man den Boden fegt – man fühlt sich hinterher einfach besser.

Zum Abschluss meines Morgen-Rituals lese und schreibe ich. Anfang des Jahres habe ich beschlossen, jeden Tag 45 Minuten zu lesen und 15 Minuten auf das Gelesene einzugehen. Ich schreibe auf Karteikarten und hänge die Karten in meinem Badezimmer und im Atelier auf, damit ich sie immer sehen kann. Manchmal rede ich mit ihnen und stelle mir vor, sie wären auf einer Dinnerparty, dann platziere ich einige Karten nebeneinander, woraus sich neue Ideen entwickeln. Das macht Spaß.

Das Morgen-Ritual hat mir auch geholfen, die Aufgabe, ein Buch zu schreiben, zu vollenden, und nun ist dieses Ritual die Grundlage meines täglichen Lebens. Wenn ich es gut mache, dauert mein Morgen-Ritual etwa zwei Stunden. Einer meiner Lieblingskünstler, der Bildhauer Brancusi, hat einmal gesagt: »Es ist nicht schwer, die Dinge zu tun, es ist schwer, den Zustand zu erreichen, in dem wir sie tun können.« Ob der Tag dem Schreiben, Entwerfen oder Malen gewidmet ist, die konsequente Durchführung eines Morgen-Rituals ist das Tor zu allem.

Wie viel Zeit vergeht zwischen dem Aufwachen und dem Frühstück?

Morgens ein wenig hungrig zu sein, gibt mir irgendwie Kraft. Bedeutet das vielleicht etwas? Ich esse jedenfalls vor 13 oder 14 Uhr keine komplette Mahlzeit. Und wenn es so weit ist, dann ist es ein Frühstück. Ich liebe Frühstück!

Kennen Sie das Spiel, bei dem man gefragt wird, welches die Henkersmahlzeit wäre? Meine bestünde aus Rührei und Pancakes, genauso wie ich es als Kind an den Wochenenden gegessen habe. Es gibt dieses zauberhafte kleine Diner, das bis zum späten Nachmittag Frühstück serviert, deshalb gehe ich oft dorthin. In David Lynchs Buch *Catching The Big Fish* erzählt er, dass er jeden Tag in dasselbe Diner geht und sich einen Milchshake bestellt. Mir gefällt die Vorstellung, jeden Tag am selben Ort zu sitzen und sich etwas Besonderes zu gönnen. Ich bin überzeugt, dass ihm in diesem Diner viele gute Ideen kommen.

Gehört Meditation zu Ihrem morgendlichen Ritual?

Ich empfinde meinen ganzen Morgen als Meditation. Ich versuche, bei jedem Aspekt meines Morgen-Rituals ganz präsent zu sein. Es gibt eine schöne Geschichte, die ich einmal gehört habe und sehr mag:

Eines Tages sprach Buddha mit einem Prinzen. Der Prinz fragte ihn: »Womit beschäftigt ihr euch im Kloster, du und deine Mönche?« Buddha antwortete: »Wir sitzen, wir gehen umher und wir essen.« Darauf meinte der Prinz: »Wie unterscheidet ihr euch dann von meinem Volk, denn wir tun diese Dinge auch?« Buddha wiederum sagte darauf: »Wenn wir sitzen, dann sitzen wir bewusst. Wenn wir gehen, dann gehen wir bewusst. Wenn wir essen, dann essen wir bewusst.«

LISA CONGDON

Bildende Künstlerin und Illustratorin

Wenn das Morgen-Ritual die Kreativität fast so stark antreibt
wie der morgendliche Kaffee.

Wie sieht Ihr Morgen-Ritual aus?

Ich wache jeden Morgen ungefähr um sechs Uhr auf. Wenn ich das Bett gemacht habe, falls ich an der Reihe bin (meine Ehefrau und ich haben einen Arbeitsplan, um sicherzugehen, dass alles im Haus erledigt wird, und jede zweite Woche bin ich damit dran, das Bett zu machen), dann meditiere ich 15 Minuten lang, ziehe mich an und gehe dann runter, Kaffee trinken. Ich habe das Glück, dass meine Frau mir an unserem Hochzeitstag versprochen hat, mir für den Rest meines Lebens jeden Morgen Kaffee zu machen (solange sie dazu in der Lage ist). Und sie hat sich bisher an das Versprechen gehalten! Also erwartet mich jeden Tag unten ein frisch aufgebrühter Kaffee!

Ich frühstücke nur wenig, Toast oder etwas Müsli. Während ich esse, checke ich meine E-Mails, schaue, ob etwas Dringendes anliegt, und schreibe meine To-do-Liste für den Tag. Dann gehe ich an einigen Tagen der Woche ins Fitnessstudio, ins Schwimmbad oder eine Runde laufen. Sport macht mich erst richtig wach und schafft beste Voraussetzungen für meinen Arbeitstag. Nach dem Training kehre ich nach Hause zurück, mache mich schick und fange an zu arbeiten. Es gehört zu meinem Ritual, dass ich mich so anziehe, als würde ich das Haus für meine Arbeit verlassen. Mein Atelier befindet sich zwar auf dem gleichen Grundstück wie das Haus, sodass ich eigentlich nicht wirklich weggehe. Aber ich habe festgestellt, dass ich mich viel besser fühle, wenn ich mir etwas Ordentliches anziehe, so wie wenn ich ins Büro oder zu einem Auftraggeber gehen würde, auch wenn manchmal meine Frau die einzige Person ist, die mich sieht.

Wie lange pflegen Sie dieses Ritual schon? Was hat sich geändert?

Dieses Ritual pflege ich schon, seitdem ich mich vor zehn Jahren selbstständig gemacht habe.

Vor ein paar Jahren bin ich von San Francisco nach Portland in Oregon gezogen, was eine große Veränderung in meinem Leben dargestellt hat. In diesem Jahr ist Meditation zu meinem Morgen-Ritual hinzugekommen. Das war für mich wirklich eine anstrengende Veränderung – Meditationsübungen erfordern eine enorme Disziplin, wenn man morgens noch müde und erschöpft ist! Aber seitdem ich mit dem Meditieren angefangen habe, bin ich viel ruhiger, glücklicher und fühle mich wohler.

Was tun Sie, wenn etwas dazwischenkommt?

Rituale sind sehr wichtig, wenn man ein kreativer Mensch ist. Ich habe festgestellt, dass mein Gefühl der Ausgeglichenheit verloren geht, wenn ich von meinem Ritual abweiche. Das kann dazu führen, dass ich mich ängstlich fühle, was wiederum meine Fähigkeit beeinträchtigt, gut zu arbeiten oder manchmal auch überhaupt irgendetwas erledigt zu bekommen.

Mein Morgen-Ritual erdet mich und schafft eine Struktur, und das gibt mir die nötige Freiheit, um mich jeden Tag auf ein neues Kunstwerk zu konzentrieren.

YUKO SHIMIZU

Japanische Illustratorin, Lehrerin an der School of Visual Arts

Absichtlich einen Bummelzug zur Arbeit nehmen, um fünf Minuten
mehr Zeit zum Lesen zu haben.

Wie sieht Ihr Morgen-Ritual aus?

Ich frühstücke ausgiebig, um mit einem richtigen Kickstart in
den Tag zu starten, und dazu bereite ich mir einen besonderen
Vitamin-C-Powerdrink zu, den ich zum Essen trinke. Da
kommt frisch geriebener Ingwer rein, Honig, Propolis und eine
halbe Zitrone oder Limette. Im Sommer füge ich Mineralwasser
hinzu, was das Ganze wie eine Art selbst gemachtes Ginger Ale
schmecken lässt. Während der kälteren Monate nehme ich lau-
warmes Wasser (damit die guten Enzyme des Honigs nicht
durch Hitze zerstört werden), dann schmeckt es wie Ingwertee.

Mein Atelier liegt im Zentrum von Manhattan, da gibt es
nicht viel Auswahl für ein gutes Mittagessen. Hinzu kommt,
dass die meisten Restaurants überteuert sind. Daher bringe ich
seit etwa fünf Jahren jeden Tag mein Mittagessen von zu Hause
mit. Normalerweise koche ich bereits am Wochenende vieles
vor, was ich einfrieren und dann zur Arbeit mitnehmen und
dort aufwärmen kann. Ich koche auch Berge von Reis, die ich
dann in Einzelportionen in Frischhaltefolie packe und im Ge-
frierfach aufbewahre. Das ist ein hilfreicher asiatischer Trick.
Salate und Gemüsegerichte bereite ich morgens frisch zu.

Um gesund zu bleiben, habe ich Schritt für Schritt das Mittagessen zu meiner wichtigsten Mahlzeit am Tag gemacht. Heute esse ich abends nur noch wenig, aber meine Tasche ist immer
vollgepackt mit Essen, manchmal sogar für mehrere Mittagessen, sodass es aussehen muss, als käme ich gerade mit meinen

Lebensmitteln von einem Großeinkauf. Früher, als ich noch in Japan gelebt habe, habe ich 50 Bücher im Jahr gelesen. Mein Weg zur Schule betrug hin und zurück jeweils eineinhalb Stunden. Als ich zu arbeiten begann (ich hatte elf Jahre lang einen Bürojob in einer Firma, bevor ich nach New York an die Kunstschule ging), war mein Arbeitsweg kürzer, aber noch immer über eine Stunde. Leider haben die Handys jetzt die Atmosphäre in den japanischen Pendlerzügen verändert, aber früher las jeder still ein Buch. Japanische Taschenbücher sind wirklich bemerkenswert. Die Bücher sind vielleicht nur halb so groß wie amerikanische Taschenbücher, aber das Papier ist superdünn und zugleich superstabil. Wegen der japanischen Schriftzeichen bleibt die Schriftgröße trotzdem angenehm groß.

Jetzt bleiben mir in der U-Bahn nur noch 15 Minuten und wegen Handy und Tablet lese ich weniger Bücher. In den letzten paar Jahren habe ich vielleicht maximal zehn Bücher pro Jahr geschafft. Aber um selbst kreativ sein zu können, in meinem Fall für Zeichnungen und Illustrationen, brauche ich anregenden Input, Inspirationen und Ideen. Ich muss von Dingen erfahren, die ich nicht selbst erleben kann. Also besteht mein neues Ritual daraus, wieder mehr zu lesen – wirklich gute Bücher, die meine Kreativität anregen. Ich nehme jetzt absichtlich den Bummelzug, statt auf den Schnellzug umzusteigen, weil mir so fünf Minuten pro Arbeitsweg mehr Zeit zum Lesen bleiben (ich nutze auch die Zeit, die ich früher an mein Handy verschwendet hätte, um tagsüber und besonders abends zu lesen). Das ist schon ganz gut. So lese ich doch einiges.

Was sind Ihre wichtigsten Aufgaben am Morgen?
Zu entspannen, den Morgen zu genießen und einen guten Start in den Tag zu haben.

Ich weiß nicht, wie Menschen einen guten Tag haben können, wenn sie sich morgens abhetzen. Vielleicht sind diese ein oder zwei Stunden am Morgen meine Meditation. Unabhängig davon, wie katastrophal mein Terminkalender aussieht, oder selbst wenn ich weiß, dass ich einen 14-stündigen Arbeitstag vor mir habe, halte ich mich an mein entspanntes Morgen-Ritual. Wenn ich Leute sehe, die auf dem Bahnsteig ihr Frühstück von einem Papierteller essen, macht mich das traurig.

Wie halten Sie es auf Reisen?
Ich reise viel, daher weiß ich, dass ich mich nicht die ganze Zeit an dasselbe Ritual halten kann. Und wenn ich das nicht kann, dann gebe ich zumindest mein Bestes, um einen anderen Weg zu finden, morgens zur Ruhe zu kommen und mich zu entspannen.

Früher habe ich Zitronen und Limetten auf internationale Flüge mitgenommen, damit ich mir gleich morgens meinen Vitamin-C-Drink machen konnte. Ich weiß, dass man das eigentlich nicht sollte, aber psst. Nun ja, ich mache das auch nicht mehr.

Was tun Sie, wenn etwas dazwischenkommt?
Ich muss flexibel sein, sonst schlägt das Ritual, das mich entspannen sollte, in Stress um.

DR. JOHN BERARDI

Gründer des Unternehmens Precision Nutrition

Die morgendliche Meditation zeitlich darauf abstimmen, wie lange das Wasser im Teekessel zum Kochen braucht.

Wie sieht Ihr Morgen-Ritual aus?
Während der Woche wache ich normalerweise gegen sieben Uhr auf. Meistens von allein, ich habe jedoch die Musikanlage

auf kurz nach sieben programmiert, damit dann Musik losgeht, falls ich etwas Unterstützung brauche.

Nach dem Aufstehen kümmere ich mich erst einmal 15 Minuten um mich selbst: Ich gehe ins Bad, putze mir die Zähne, reinige sie mit Zahnseide, rasiere mich und pflege meine Haut (ich reibe meinen Körper mit Mandelöl ein und benutze für mein Gesicht natürlichen Gesichtsreiniger, Peeling, Gesichtswasser und Feuchtigkeitscreme). Dann gehe ich in die Küche und bereite für meine Frau und die vier Kinder das Frühstück zu. Das Essen vorzubereiten, aufzupassen, dass auch jeder ordentlich gegessen hat, sie in den Minivan zu verfrachten und zur Schule zu bringen, dauert ungefähr eine Stunde.

Nachdem meine Frau und die Kinder das Haus verlassen haben, koche ich Wasser für einen großen Becher Tee. Während das Wasser kocht, sitze ich drei bis fünf Minuten neben dem Teekessel auf der Küchentheke. Ich sitze mit geschlossenen Augen ruhig da, atme tief durch und bekomme so meinen Kopf frei. Den Tee trinke ich in meinem Arbeitszimmer, während ich meine Arbeit nach Prioritäten plane und sortiere. Nach etwa ein oder zwei Stunden bin ich damit fertig und habe normalerweise bereits meine erste Aufgabe in Angriff genommen. Zu diesem Zeitpunkt mache ich eine Pause, um meine erste Mahlzeit des Tages einzunehmen. Danach arbeite ich bis zum späten Mittag durch, bis ich die Kinder von der Schule abhole.

Um wie viel Uhr gehen Sie schlafen?
Ich schlafe normalerweise um 23 oder 23:30 Uhr, was bedeutet, dass ich sieben bis siebeneinhalb Stunden Schlaf bekomme. Das ist für mich gerade noch ausreichend. Normalerweise fange ich dieses leichte Schlafdefizit auf, indem ich an Samstagen und Sonntagen eine Stunde nachhole.

**Was tun Sie, um sich schon abends auf den Morgen vorzu-
bereiten?**

Ein paar Tage die Woche mache ich abends Krafttraining oder
Herz-Kreislauf-Übungen, wenn die Kinder schon alle im Bett
sind. Nach dem Training, einer erholsamen Dusche und einer
Mahlzeit bin ich bereit fürs Bett – obwohl ich zugeben muss,
dass ich mich abends manchmal noch in ein Buch vertiefe oder
mir beim Essen einen Film anschaue und erst später schlafen
gehe.

**Benutzen Sie irgendwelche Apps oder Hilfsmittel, um Ihr
Morgen-Ritual zu verbessern?**

Ich glaube, die beste »App« ist der menschliche Körper. Wenn
man ihn gut ernährt, ihm angemessene Ruhe gönnt, regelmäßig trainiert, ans Sonnenlicht und in die Natur geht und ein
gutes soziales Netzwerk hat, sind die besten Voraussetzungen
geschaffen.

MELODY MCCLOSKEY

Geschäftsführerin von StyleSeat

Wenn einen das Aufräumen und Umgestalten der Wohnung
am Morgen wider Erwarten entspannt.

Wie sieht Ihr Morgen-Ritual aus?

Ich bin eine Frühaufsteherin. Ich stehe morgens gerne um Viertel
vor sechs auf, um noch etwas Zeit für mich zum Nachdenken zu
haben, ohne abgelenkt zu werden. Ungefähr eine Stunde verbringe ich damit, die Wohnung aufzuräumen und umzugestalten,
oder beschäftige mich mit persönlichen Dingen, die meine Aufmerksamkeit erfordern. Es mag albern klingen, aber diese Zeit, in

der ich mich ganz alltäglichen Aufgaben widme, nutze ich, um große Ideen zu durchdenken, sowohl persönliche als auch auf die Arbeit bezogene. Um sieben Uhr trainiere ich zwei bis vier Mal die Woche mit einem Trainer oder besuche an den meisten restlichen Tagen einen Kurs (Hot Yoga, Pilates oder TRX).

Wie lange pflegen Sie dieses Ritual schon? Was hat sich geändert?

Ich stehe schon seit einigen Jahren früh auf. Lange Zeit bin ich bis spätabends wach geblieben, aber inzwischen habe ich festgestellt, dass mein frühes Morgen-Ritual der beste Weg ist, leistungsfähig zu bleiben und mich den ganzen Tag lang ausgeglichen und glücklich zu fühlen.

Natürlich war das zunächst nicht leicht! Es war eine Qual, morgens früh aufzustehen, denn von Natur aus bin ich kein Frühaufsteher. Aber nun ist es zur Gewohnheit geworden und ich wache auch an Wochenenden ziemlich früh auf.

Um wie viel Uhr gehen Sie schlafen?

Das hängt davon ab, ob ich auf Reisen bin, was in der Arbeit los ist und so weiter. Wenn alles normal läuft, gehe ich gegen 21 Uhr ins Bett, manchmal wird es aber auch 22 oder 23 Uhr. Ich höre vor dem Schlafengehen noch gerne Podcasts an. Man kann die Schlaftaste drücken, sodass es nach zehn Minuten aufhört. Auf diese Weise kann ich sichergehen, dass ich schnell einschlafe; wenn ich den Timer mehr als einmal neu stellen muss, nehme ich mir vor, disziplinierter zu werden.

Was tun Sie, um sich schon abends auf den Morgen vorzubereiten?

Ich lege mir meine Arbeitskleidung heraus und programmiere die Kaffeemaschine, damit sie morgens gleich angeht. Nichts treibt mich schneller aus dem Bett als der Geruch von Kaffee!

Benutzen Sie einen Wecker, um aufzuwachen?

Ja, und ich drücke immer die Schlummertaste, aber wenn ich die Taste drücke, setze ich mich schon einmal auf, damit ich nicht wieder einschlafe.

Wie viel Zeit vergeht zwischen Aufwachen und Frühstück?

Ich esse eine Kleinigkeit, bevor ich trainiere – ein bisschen Obst, ein Rührei mit einer kleinen Salatbeilage. Wenn ich zurückkomme, nehme ich normalerweise einen Proteindrink zu mir oder eine andere proteinreiche Mahlzeit. Insgesamt halte ich mich so gut ich kann an die Paleo-Ernährung. Ich habe eine Million verschiedener Ernährungsarten ausprobiert und für mich war das die einzige, die meine Müdigkeit entscheidend gemindert hat, und ich fühle mich gut damit.

Wie fügt sich Ihr Partner in Ihr Morgen-Ritual ein?

Ich lebe in San Francisco und mein Verlobter in Los Angeles. Wir sind nicht so oft morgens zusammen, wie wir möchten, aber ich habe Glück, dass sein Morgen-Ritual meinem eigenen sehr ähnlich ist. Wenn wir getrennt sind, unterhalten wir uns jeden Morgen per Videochat und sprechen über unsere Tage und unsere bevorstehende Hochzeit. Wenn wir zusammen sind, verbringen wir morgens viel Zeit miteinander, unterhalten uns und trainieren gemeinsam.

Was tun Sie, wenn etwas dazwischenkommt?

Ich bin, was mein Ritual betrifft, sehr genau, weil es mich glücklich macht, aber ich finde nicht, dass man da zu dogmatisch sein sollte. Man sollte tun, was einen glücklich macht, und wenn irgendwas dazwischenkommt, kann man das schon hinbekommen. Ich habe die richtige Mischung gefunden, die für mich zum besten Ergebnis führt: Ich bin diszipliniert, drücke aber auch mal ein Auge zu.

AMBER RAE

Autorin von *Choose Wonder Over Worry*

Wenn die Morgenstunden den inneren Eingebungen
vorbehalten sind.

Wie sieht Ihr Morgen-Ritual aus?

An den meisten Tagen wache ich ohne Wecker auf, ziehe meine
Trainingssachen an und gehe in das nicht weit entfernte Fitnessstudio zu einer Pilates-Session mit meinem Trainer. Ich liebe es,
wie er hochintensives Training mit Core-Arbeit verbindet. Es
haut mich jedes Mal um und ich strotze dann vor Energie.

Dann schaue ich kurz in einem kleinen Lebensmittelladen
in der Nachbarschaft vorbei, um mir einen frischen Saft aus
Zitrone, Ingwer und Cayennepfeffer zu besorgen. Ich schnappe
mir dort einen Stuhl direkt am Fenster und tauche ein in die
Welt des morgendlichen Schreibens – diese sogenannten
Morgenseiten sind eine Art des unstrukturierten Schreibens,
dabei hält man alles fest, was einem in den Sinn kommt. Ich
nutze diese Technik, um ganz bei mir zu sein und meinen inneren Eingebungen zu folgen. Etwa 30 Minuten später habe ich
schon ein, zwei Konzepte notiert und fühle mich richtig aufgedreht. Dann kehre ich nach Hause zurück, gönne mir einen
grünen Smoothie und tanze durchs Wohnzimmer. Der Rest des
Tages ist normalerweise dem Schreiben und dem künstlerischen
Schaffen vorbehalten.

**Wie lange pflegen Sie dieses Ritual schon? Was hat sich
geändert?**

Ich pflege verschiedene Abwandlungen dieses Rituals – Bewegung, Schreiben, Ernährung – nun schon seit einigen Jahren.

Im letzten Jahr sind mein Verlobter und ich in ein Loft in Brooklyn gezogen, das wir mithilfe meiner Mutter, die Innenarchitektin ist, zu einem inspirierenden, kreativen Ort gemacht haben. Es verbindet riesige Post-it-Wände mit getrennten analogen und digitalen Räumen, einem soliden Lautsprechersystem und einem Kühlschrank, der mit frischem Obst, Mandelbutter und Grünkohl gefüllt ist.

Wenn ich aufwache und mich umschaue, fühlt es sich an, als könnte ich überall auf der Welt sein, was irgendwie ganz beruhigend ist in einer Stadt wie New York mit all dem Trubel und der Hektik.

Ich bin vor Kurzem auf ein etwa drei Jahre altes Tagebuch von mir gestoßen. Damals arbeitete ich rund um die Uhr und war mit einem Mann zusammen, fühlte mich jedoch in unserer Beziehung nicht vollkommen sicher. In riesigen Buchstaben hatte ich über Seiten geschrieben: »ÜBERFORDERT. NEBEN DER SPUR. MUSS MICH VOR ALLEM MEHR UM MICH SELBST KÜMMERN.« Viele Jahre lang war mein Morgen-Ritual das Ergebnis der Erwartungen anderer Menschen an mich. Ich war überfordert und neben der Spur, weil ich die Botschaften, die mein Körper mir sendete, ignorierte. Ich glaubte, dass ich rund um die Uhr arbeiten, mein Mittagessen am Schreibtisch einnehmen und meinen Schlafmangel wie eine Ehrenmedaille tragen musste, um in der Welt der Technologie und des Unternehmertums (in diesen Bereichen arbeitete ich damals) Erfolg zu haben. Es schien einen hohen Grad an menschlichem Tun zu geben und demgegenüber empfand ich einen völligen Mangel an menschlichem Sein.

Also legte ich eine Pause ein. Ich drosselte das Tempo. Ich begann mich zu fragen, welche Rituale und Gewohnheiten für meinen kreativen Fluss förderlich sein könnten. Ich versuchte zu erforschen, welche Bedingungen und Wechselwirkungen sich positiv auf meine Arbeit auswirkten. Was ich entdeckte, war ein natürlicher Rhythmus der Produktivität. Erfolg zu haben, ist eine Sache der Ausrichtung und des Vertrauens in diesen Fluss.

Zum Beispiel gehe ich an den meisten Tagen um zwei Uhr morgens schlafen und stehe gegen halb elf auf. Im Winter schlafe ich ungefähr eine Stunde länger und im Frühling habe ich Freude daran, früher aufzustehen. Als Kreative blühe ich regelrecht auf, wenn ich mich am Tag über einen langen Zeitraum ohne Unterbrechung mit meinem kreativen Schaffen befassen kann, daher versuche ich, möglichst lange alle möglichen Meetings, Telefonate und die elektronischen Medien zu vermeiden. Ich arbeite am besten unter Hochdruck – ich gebe tagelang oder wochenlang Vollgas und dann nehme ich mir wieder eine Auszeit, in der ich mich erholen kann. Das Schreiben gelingt mir am besten abends ab 23 Uhr – dann fließen die Ideen nur so aufs Papier, und das geht so lange, wie ich mich selbst herausfordere und inspiriere.

Anfangs hatte ich ein schlechtes Gewissen, was meinen Lebensstil betrifft. Ich fragte mich, ob es wirklich in Ordnung sei, meinen Tag so radikal selbst zu bestimmen, und was die anderen Leute wohl davon hielten. Dann habe ich aber irgendwann begriffen, dass es eben so ist, dass jeder von uns eine Zeit hat, in der er oder sie in Bestform ist und wirklich gut arbeiten kann. Was für mich gut funktioniert, muss nicht die beste Lösung für andere Menschen sein. Es ist bloß wichtig, dass man versucht herauszufinden, wie man selbst in den besten persönlichen Flow kommt, und dann muss man Freiräume schaffen für die Menschen, die um einen sind, damit diese sich ebenfalls bestmöglich ausleben und entwickeln können.

NUN SIND SIE DRAN

»Wenn ich in Versuchung gerate, mein Morgen-Ritual oder eine
andere Form der Selbstfürsorge auszulassen, rufe ich mir in
Erinnerung, dass ich den Menschen, die ich liebe, und den
Projekten, die mir wichtig sind, besser dienen kann, wenn ich
bei mir selbst anfange.«

COURTNEY CARVER, AUTORIN

Wenn Sie Ihren Tag damit beginnen, sich um Ihre Bedürfnisse zu kümmern, haben Sie nicht nur ein Gefühl der Ruhe, das Ihnen nicht genommen werden kann, was auch immer der bevorstehende Tag bringen mag, sondern Sie haben sich innerlich auch darauf eingestellt, dass Sie die Menschen, denen Sie während des Tages begegnen, mit größerer Sanftmut behandeln, als Sie es sonst getan hätten.

Die Sozialunternehmerin Jess Weiner bemerkt: »Ich fühle mich definitiv lebendiger, wenn ich mir Zeit genommen habe für mich, meinen Körper und meine Beziehung … Mein Geist fühlt sich klarer an und ich fühle mich glücklicher und energiegeladener.«

Beherzigen Sie unsere folgenden Vorschläge zur Selbstfürsorge.

NEHMEN SIE SICH MORGENS ZEIT FÜR SICH SELBST

Der frühe Morgen ist die perfekte Zeit, um sich kurz und ungeniert etwas Zeit für sich selbst zu gönnen, denn Sie können die Ruhe des Morgens genießen, während der Rest der Welt noch schläft. Auch wenn Sie später am Tag aufwachen oder in der Nachtschicht arbeiten, bleiben Ihnen die ersten Stunden nach dem Aufwachen, um sich um sich selbst zu kümmern.

> »Ich habe einen exponierten Job und leite ein Unternehmen mit über 200 Mitarbeitern. Daher bin ich beruflich und persönlich sehr beansprucht. Momente, die nur mir gehören, sind sehr kostbar und rar, deswegen versuche ich, das Beste daraus zu machen.«
>
> JULIEN SMITH, GESCHÄFTSFÜHRER VON BREATHER

Sie können diese Zeit nutzen, wie Sie wollen (dieses Buch enthält jede Menge Vorschläge dazu). Art Director David Moore sagt: »Ich habe zu lange gearbeitet, ohne mich richtig um mich selbst zu kümmern. Mit der Zeit habe ich gemerkt, dass ich eben nicht mehr der Jüngste bin. Vernünftig zu essen und sich die Zeit zu nehmen, es morgens langsam anzugehen und alles gut zu planen, ist maßgeblich für einen produktiven Tag.«

IHR MORGEN-RITUAL HILFT IHNEN, SICH ZU ERDEN

Die Journalistin Tessa Miller meint: »Mein Morgen-Ritual gibt definitiv den Ton für den Rest meines Tages an. Wenn ich morgens hektisch und gestresst bin, wirkt sich das auf meinen Arbeitstag aus. Wenn ich strukturiert und planvoll vorgehen kann, dann läuft normalerweise alles wie am Schnürchen.«

Wenn Sie Ihren Morgen gut durchdacht nutzen, können Sie den bevorstehenden Tag besser planen. Das hilft Ihnen herauszufinden, was Sie wirklich erledigen müssen und was Sie anstelle von wichtigeren Aufgaben vorerst vernachlässigen können.

»Wenn der Morgen gut war, ist es gewöhnlich ein groß-
artiger Tag, unabhängig davon, was während des Tages
passiert. Wenn ich den Tag mit schlechter Laune beginne,
ziehen sich die 24 Stunden endlos dahin.«

IAN SARACHAN, FUSSBALLTRAINER

Ohne Ritual sind Sie wie ein Schiff ohne Ruder, das mal hier-
hin, mal dorthin fährt, aber nie den Kurs einhält, den Sie gesetzt haben.

BETRACHTEN SIE IHREN MORGEN VON OBEN.
WAS SEHEN SIE?

Es gibt eine einfache Übung zur Demut, in der wir aufgefordert
werden, uns unsere eigene Beerdigung vorzustellen. Was werden die Anwesenden über Sie sagen – sprechen sie über Ihre
steile Karriere, dass Sie diesen Kunden oder jene Auszeichnung
gewonnen haben oder dass Sie den größten Teil Ihres Arbeits-
lebens zwölf Stunden täglich gearbeitet haben? Oder sprechen
sie von Ihrem Charakter und wie Sie als Elternteil, Freund und
Mensch waren?

Sie können diesen Ansatz auch anwenden, um die Gestaltung Ihres Morgens gleich nach dem Aufwachen zu verbessern. Wenn Sie Ihren Morgen von oben betrachten, was
sehen Sie? Hetzen Sie von einer Aufgabe zur nächsten, während Sie durch die Nachrichten auf Ihrem Handy scrollen und
aus Versehen Kaffee auf Ihr Hemd schütten? Dann sollten Sie
eine Veränderung in Betracht ziehen. Stellen Sie sich stattdessen einen ruhigeren Morgen vor, einen sanfteren Morgen,
einen Morgen, an dem Sie sich selbst an die erste Stelle setzen.
Und dann nutzen Sie alles, was Sie in diesem Kapitel (und im
gesamten Buch) gelernt haben und setzen es in die Tat um.

FRÜHE ERFOLGE GEBEN IHNEN DAS GEFÜHL, ETWAS ERREICHT ZU HABEN

Die frühen Erfolge, die mit einem morgendlichen Ritual einhergehen (egal, ob es sich dabei um eine dringende Arbeit handelt oder um ein Training am frühen Morgen), vermitteln Ihnen das Gefühl, etwas erreicht zu haben. Und dieses Gefühl können Sie mit in den Rest des Tages nehmen. Jeff Morris, Direktor für Produkt- und Ertragsmanagement bei Tinder, bemerkt: »Vor der Arbeit Yoga zu machen, hat mein Leben verändert. Wenn die meisten Menschen erst aufwachen, habe ich schon das Gefühl, etwas erreicht zu haben. Das ist ein tolles Gefühl.«

Diese Erfolge können alles Mögliche sein, der gemeinsame Nenner ist das Gefühl, etwas erreicht zu haben, wenn Sie diese Dinge vollbracht haben. Whitney Johnson, Autor und Mitbegründer der Investmentfirma Rose Park Advisors, erzählt: »Die Sache, die mir geholfen hat, mich an ein neues Ritual zu halten, ist die Erkenntnis, dass es so viele Dinge gibt, die ich erledigen möchte. So viele. Für mich sind 30 Minuten früh um halb sechs Uhr mindestens so viel wert wie eine Stunde um 15 Uhr.«

ANDERERSEITS ...

Es spricht nichts dagegen, sich morgens mit Sorgfalt und Sanftmut um sich selbst zu kümmern.

Das Einzige, was Sie beachten sollten, ist, dass Sie nicht gegen etwas kämpfen sollten, was gut für Sie funktioniert. Wenn Sie dazu neigen, spät aufzustehen und dann erst Ihr Morgen-Ritual durchzuführen, können Sie natürlich versuchen, früher aufzustehen. Aber wenn nach einigen Wochen keine Veränderung spürbar ist (und Sie nicht besonders viel Lust haben, daran festzuhalten), dann kehren Sie einfach zu Ihrer gewohnten Aufwachzeit zurück.

KAPITEL 9

FREMDE UMGEBUNGEN

WIE SIE IHR RITUAL BEIBEHALTEN, AUCH WENN SIE NICHT ZU HAUSE SIND

WENN MAN DEN ARBEITSPLATZ MAL VERLÄSST, KANN MAN OFT VIEL MEHR. MAN KRIEGT AM MEISTEN ARBEIT ERLEDIGENT, WENN MAN SICH VOM ARBEITSPLATZ ENTFERNT.

Für viele von uns ist es nahezu unmöglich, auf Reisen das Morgen-Ritual beizubehalten. Einige haben es schon versucht, aber dann feststellen müssen, dass es doch nicht klappt. Das hat zur Folge, dass sie sich treiben lassen, wenn sie unterwegs sind, auf das regelmäßige Ritual verzichten und in ungesunde Gewohnheiten verfallen.

Doch eigentlich ist es durchaus möglich, das morgendliche Ritual auch auf Reisen beizubehalten oder zumindest ein auf Reisen abgestimmtes Ritual in petto zu haben, auf das Sie bei Bedarf zurückgreifen können. Auf den nächsten Seiten geben wir Ihnen Anregungen dazu, unabhängig davon, ob Sie häufig in Hotelzimmern leben und arbeiten oder ob Sie einfach in der Lage sein wollen, Ihr Morgen-Ritual die paar Mal im Jahr aufrechtzuerhalten, wenn Sie nicht zu Hause sind.

In diesem Kapitel sprechen wir (unter anderem) mit dem Autor und notorischen Reisenden Chris Guillebeau, der trotz der Tatsache, dass er mindestens 20 Länder im Jahr bereist, darauf besteht, dass sein Morgen-Ritual der Schlüssel für seine schöpferische Arbeit ist; mit dem Model und der Kulturaktivistin Cameron Russell darüber, dass sie versucht, ihr Morgen-Ritual einzubauen, ganz gleich an welchem Tag sie was macht (und in welcher Stadt sie ist); und mit Dave Asprey von Bulletproof Coffee, dessen morgendliche Routine auf Reisen man wahrlich gesehen (beziehungsweise darüber gelesen) haben muss, um es zu glauben.

CAMERON RUSSELL

Model und Kulturaktivistin

Wenn die einzige Angewohnheit, die einem der eigene Jetset-
Lebensstil erlaubt, darin besteht, täglich etwas zu lesen.

Wie sieht Ihr Morgen-Ritual aus?

Jeder Tag ist vollkommen anders. Da ich für die Arbeit viel reise und meine Arbeitstage immer unterschiedlich sind, würde
ein festes Ritual im Grunde bedeuten, dass ich alles andere diesem Ritual unterordnen muss.

Wenn ich einen frühen Termin habe (vor sechs Uhr morgens), wache ich gewöhnlich fünf Minuten vorher auf, ziehe
mich an und düse los. Wenn der Termin später ist, stehe ich so
auf, dass ich noch genug Zeit habe, um Tee zu trinken, zu frühstücken und ein paar lange Artikel oder etwas in einem Buch zu
lesen.

Etwas zu lesen, was ein anderer geschrieben hat, fühlt sich
immer wie ein Geschenk an. Ich liebe es, in die Gedankenwelt
von jemand anderem einzutauchen, und ganz oft inspiriert es
mich, selbst etwas zu schreiben. Zu diesem Zeitpunkt bin ich
meistens schon auf dem Weg zur Arbeit, aber ich schreibe auf
dem Handy und schicke es mir per E-Mail an eine Adresse, die
ich nur für mein eigenes Schreiben und meine Notizen benutze.

**Wie lange pflegen Sie dieses Ritual schon? Was hat sich
geändert?**

Ich mag keine strengen Rituale. Ich versuche, Platz zum Lesen
und Schreiben zu schaffen, aber ich beginne meinen Tag gerne
abenteuerlich und unvorhersehbar. Zum Beispiel wache ich
manchmal wegen des Jetlags um vier oder fünf Uhr morgens

auf und mein Partner und ich nutzen diesen erzwungenen Frühstart, um uns einen neuen Stadtteil anzuschauen und einen acht bis 16 Kilometer langen Spaziergang zu machen, bevor unser Tag richtig beginnt.

Letztes Frühjahr habe ich 30 Tage lang geschrieben, sobald ich die Augen geöffnet hatte. Das war fantastisch und ich möchte das gerne noch einmal machen! Frühmorgens und spätabends bin ich am produktivsten, denn das sind die einzigen Zeitpunkte, an denen ich das Gefühl habe, keine E-Mails beantworten, in den sozialen Netzwerken präsent sein oder aus irgendeinem Grund am Handy hängen zu müssen! Interessehalber habe im Sommer zwei Wochen lang versucht, um fünf Uhr aufzustehen und vor der Arbeit zu laufen und zu meditieren. Das war fantastisch, aber es klappt nicht, daraus eine tägliche Gewohnheit zu machen.

Was tun Sie, um sich schon abends auf den Morgen vorzubereiten?

Da ich einen Großteil meiner Zeit aus dem Koffer lebe, habe ich mir ja bereits Gedanken gemacht, was ich anziehen werde. Ich bin gerne so flexibel, dass ich nur fünf Minuten, bevor ich irgendwo sein muss, aufstehe und gleich loslege. Ich speichere Artikel auf meinem Handy oder lese Teile eines Buches, in das ich dann wieder eintauche, wenn ich wach werde. Ich habe nahezu immer eine aktuelle To-do-Liste, sodass ich, wenn ich am nächsten Tag aufstehe, genau weiß, womit ich anfangen muss.

Haben Sie morgens ein bestimmtes Trainingsprogramm?

Ich schaffe mir gerne vor der Arbeit etwas Freiraum für mich selbst. Wann immer es möglich ist, suche ich eine intellektuelle oder körperliche Herausforderung, bevor mein Arbeitstag beginnt. Die paar Male, die ich auf einem Laufband war oder einen Spinning-Kurs besucht habe, habe ich mir nur gedacht, wie viel aufregender es doch ist, seine Zeit und Energie darauf zu verwenden, mit dem Rad durch die Stadt zu fahren oder zu laufen.

Es gibt einem ein Gefühl von Freiheit, wenn man sich bewusst macht, wie weit man mit dem eigenen Körper doch kommt, ohne Auto, U-Bahn oder Bus.

Behalten Sie Ihr Ritual auch an den Wochenenden bei?
Ja. Ich habe jede Menge Jobs, aber alle als Freiberuflerin. In den letzten 13 Jahren habe ich als Model gearbeitet und ich nutze diese Hintergrunderfahrung, um, entsprechend meiner Neigung als Aktivistin, mithilfe von Multimediaproduktionen alternative Inhalte und Gegenkultur in den Mainstream zu lancieren. Ich habe als Autorin und Produzentin an einer Reihe von Multimediaprojekten zu Themen wie Klimawandel und Rassen- und Geschlechtergerechtigkeit gearbeitet, und normalerweise bin ich gleichzeitig mit mehreren Projekten beschäftigt, die ich zwischen Fotoshootings, Wochenenden und Flugreisen einbaue. Im Moment schreibe ich sehr viel und arbeite an zwei Kurzfilmprojekten, das eine über Darstellung in den Medien, bei dem anderen geht es um den Klimawandel.

Was tun Sie, wenn etwas dazwischenkommt?
Das einzige Ritual, an das ich mich wirklich halte, ist, Zeit zum Lesen zu finden. Ob ich gerade frisiert oder geschminkt werde, im Flugzeug, der U-Bahn, in einem Taxi oder bloß an meinem Schreibtisch sitze, das Lesen ist ideal, um den Tag zu beginnen.

CHRIS GUILLEBEAU

Autor von *The Art of Non-Conformity*, notorisch Reisender

Rituale lieben – trotz eines Lebensstils, der jede Menge Reisen
beinhaltet und viel Flexibilität erfordert.

Wie sieht Ihr Morgen-Ritual aus?

Das Wichtigste zuerst: Ich bin jedes Jahr in mindestens 20 Ländern unterwegs, zusätzlich zu den mehr als 150 000 Kilometern, die ich im Inland reise. Im Moment stehe ich kurz vor einer Lesereise durch 30 Städte, bei der ich fünf Wochen lang fast jeden Tag an einem anderen Ort aufwachen werde. Daher gibt es manchmal kein Ritual oder zumindest ändert sich das Ritual je nach Zeitzone erheblich.

Ich war vor Kurzem in Jakarta in Indonesien und habe dort den größten Teil der Woche in einer Art Nachtschicht gearbeitet. Ich habe die ganze Nacht durch an meinen Projekten gesessen und bin dann zum »Morgenkaffee« um 14 Uhr aufgewacht, dementsprechend war alles zeitlich nach hinten versetzt. Das war alles ein wenig verwirrend, da ich dann zum »Mittagessen« gegen 22 Uhr im Hotelrestaurant aufgetaucht bin, kurz bevor sie Feierabend machten. Das »Abendessen« nahm ich dann zur normalen Frühstückszeit zu mir, bevor ich mich schlafen legte, als bereits die Sonne aufging.

Lassen Sie uns jedoch über mein normales Ritual reden, wenn ich zu Hause in Portland, Oregon bin oder zumindest in den Vereinigten Staaten oder Kanada unterwegs bin. Ich versuche, früh aufzuwachen, normalerweise gegen halb sechs oder sechs Uhr morgens, dann trinke ich als Erstes zwei Gläser Wasser. Danach mache ich mir meine erste Tasse Kaffee und verbringe 20 Minuten damit, die Nachrichten zu lesen und zu kontrollieren, ob über Nacht irgendetwas Wichtiges in meinem Posteingang oder in den sozialen Netzwerken eingetroffen ist. Dann kommt etwas Neues: Ich dusche, breche auf ins Büro, frühstücke auf dem Weg und mache mich an die »richtige Arbeit«.

Wenn ich gerade ein Buch schreibe, versuche ich, jeden Morgen mindestens zwei Stunden daran zu arbeiten. Oft gibt es Interviews oder Telefonanrufe, normalerweise mindestens ein bis zwei am Tag, manchmal sogar mehr, und zusätzlich auch noch ein bis zwei Meetings. Aber so weit wie möglich versuche ich, die Zeit zwischen acht und elf Uhr für meine eigene Arbeit frei zu halten. Während ich durch meine Liste von Aufgaben und Projekten gehe, trinke ich Mineralwasser und höre Ambient-Musik.

Wie lange pflegen Sie dieses Ritual schon? Was hat sich geändert?

Ich habe mich in den vergangenen zehn Jahren daran gewöhnt. Während eines großen Teils dieser Zeit war ich allerdings auf Reisen. Ich hatte mir dieses persönliche Ziel gesetzt, zwischen 2002 und 2013 jedes Land der Welt zu besuchen, was viel Flexibilität erfordert hat. Aber wenn ich zu Hause bin, bemühe ich mich ernsthaft, mich an mein Ritual zu halten.

Was tun Sie, wenn etwas dazwischenkommt?

Ich drücke es am besten so aus: Einige Dinge sind akzeptabel, andere nicht. Wenn ich schlecht geschlafen habe oder nicht genug getrunken habe, ist dies ein schlechtes Omen für den Rest des Tages. Ich bin dann abgelenkt und unkonzentriert. Wenn ich dagegen ein wenig länger schlafe als gewöhnlich, ist dies selten ein Problem.

Möchten Sie noch etwas hinzufügen?

Es mag so klingen, dass mein Leben durch all die Reisen ständig aus dem Rhythmus kommt, aber ich liebe Rituale. Sie unterstützen die kreative Arbeit viel mehr, als dass sie sie stören. Ich wäre nicht in der Lage, regelmäßig in so unterschiedlichen Bereichen meine Arbeit zu leisten, wenn ich nicht meinem Ritual weitgehend treu bliebe.

DAVE ASPREY

Gründer von Bulletproof Coffee, Biohacker

Wenn man 120 Pillen am Tag schluckt,
weil man 180 Jahre alt werden will.

Wie sieht Ihr Morgen-Ritual aus?
Ich bin ein Nachtmensch, aber normalerweise wache in an Wochentagen, wenn Schule ist, um Viertel vor acht Uhr auf.

Als Erstes überlege ich, wie ich in der Nacht geschlafen habe, um das Bewusstsein für meine Schlafqualität zu schärfen. Dafür verwende ich diverse Apps. Dann mache ich Bulletproof Coffee und bereite das Frühstück für die Familie vor. Ja, beide schulpflichtigen Kinder bekommen morgens ungefähr 60 Milliliter Bulletproof Coffee, um ihr Gehirn in Gang zu bringen, damit sie den ganzen Vormittag ausreichend Energie haben. Ich benutze einen Metallfilter, um die nützlichen Kaffeeöle zu erhalten, mische fertiggebrühten Bulletproof-Kaffee mit Weidebutter, Bulletproof-Gehirn-Oktan-Öl und ziemlich oft mit Bulletproof-Kollagen-Protein. Während der Kaffee durchläuft, schlucke ich all die Nahrungsergänzungsmittel, die am besten auf nüchternen Magen genommen werden sollten. Nach dem Kaffee kommen die Ergänzungsmittel dran, die am besten mit Fett aufgenommen werden.

Nach dem Frühstück bringe ich die Kinder zur Schule. Aus Rücksicht meiner Familie gegenüber und um des morgendlichen Friedens willen stelle ich mein Handy auf Flugmodus, bis ich die Kinder aus dem Auto gelassen habe. Erst dann mache ich mein Handy an, um nachzusehen, ob es irgendwelche dringenden Nachrichten gibt (das kommt aber selten vor).

Wenn die Kinder in der Schule sind, beginne ich meine morgendlichen Upgrades, die je nach Tag unterschiedlich sind. Alles steht bereits im Kalender, also muss ich mir darüber keine Gedanken machen. Ein morgendliches Upgrade beinhaltet, mindestens 20 Minuten lang auf dem Bulletproof-Vibe vor ultraviolettem Licht zu stehen, um die Vorzüge von Sonnenlicht auch im nordwestpazifischen Winter zu nutzen. (Im Sommer bekomme ich meine UV-Strahlen auf ganz natürliche Weise, indem ich mit nacktem Oberkörper draußen bin.)

Je nach Tag plane ich auch etwas mehr Zeit für Neurofeedback und mehr sportliche Betätigung ein. An manchen Tagen benutze ich eine Maschine, die Vaper heißt und mir zweieinhalb Stunden Cardiotraining in 21 Minuten bietet. An anderen Tagen spiele ich Tischtennis mit einem Tischtennisroboter, der die Bälle unglaublich schnell serviert, was eine Form des Gehirntrainings ist, das die Bewegung fördert und die Kommunikation zwischen linker und rechter Gehirnhälfte intensiviert.

Dann beginne ich meinen Arbeitstag. Mein Tag ist sorgfältig ausgearbeitet, jede Minute geplant, inklusive »Freizeit«, Termine und Zeit mit der Familie. Ich muss nie darüber nachdenken, was ich als Nächstes tue – das steht alles im Kalender.

Wie lange pflegen Sie dieses Ritual schon? Was hat sich geändert?

Seit mein ältestes Kind in die Schule gekommen ist, vor ungefähr fünf Jahren. In der Zeit vor den Kindern war mein Morgen-Ritual noch viel weniger klar geregelt. Ich stand später auf, meditierte eine Stunde lang, sang – was immer mir in den Sinn kam.

Aber es ist nun mal so, dass die Morgen-Rituale von Eltern sich radikal von jenen der Menschen ohne Kinder unterscheiden.

Um wie viel Uhr gehen Sie schlafen?
Ich bin ein Nachtmensch und habe festgestellt, dass ich spätabends am produktivsten bin. Morgens bin ich weit weniger effizient – zwischen 21 Uhr und zwei Uhr morgens ist mein Workflow am besten. Deswegen finde ich es gut, dass man lange aufbleibt, sofern der Körper nicht schlappmacht und Ruhe braucht.

Was tun Sie, um sich schon abends auf den Morgen vorzubereiten?
Schlaf ist unglaublich wichtig für mich. Ich möchte immer frisch und ausgeruht aufwachen und habe einiges unternommen, um dies zu erreichen. Eine der einfachsten Möglichkeiten, guten Schlaf zu bekommen, ist, dunkle Vorhänge zu verwenden, die alles Licht fernhalten, und schwarzes Klebeband auf den kleinen Lämpchen der elektronischen Geräte zu befestigen.

Was sind Ihre wichtigsten Aufgaben am Morgen?
Meine wichtigste Aufgabe besteht nicht darin, einfach nur Zeit mit der Familie zu verbringen oder die Kinder zur Schule zu bringen, nein, ich möchte morgens wirklich für sie da sein. Ich könnte die Kinder auch zur Schule fahren und dabei die ganze Zeit an die Arbeit denken oder mich mit meinem Handy beschäftigen.

Aber mir ist es wichtig, dass ich ihnen meine volle Aufmerksamkeit schenke, dass ich total präsent bin, losgelöst von Arbeit und Technik. Eine Möglichkeit, dies zu tun, ist, ihnen auf dem Weg zur Schule eine Geschichte zu erzählen. Natürlich handelt es sich dabei um eine besondere Geschichte – eine Fortsetzungsgeschichte, der ich seit drei Jahren jeden Morgen etwas Neues hinzufüge und in der die Kinder die Hauptfiguren sind.

Wie halten Sie es auf Reisen?

Es gibt einige bestimmte Ergänzungen in meinem Ritual, wenn ich verreise. Erst einmal schlafe ich, wenn ich ohne die Kinder unterwegs bin, normalerweise etwas länger, ungefähr bis halb neun oder neun Uhr, je nachdem, was mein Körper braucht.

Ich bin 125 Tage im Jahr auf Reisen. In den Hotelzimmern gibt es jede Menge überflüssige Lichtquellen, die einen müde machen, die Luft ist meist schlecht und kommt aus der Klimaanlage. Das Erste, was ich auswärts tue, ist, all diese blinkenden Lichter im Zimmer ausfindig zu machen und sie mit schwarzem Klebeband abzudecken.

Ich benutze meine blaulichtfilternde Brille TrueDark viel häufiger, wenn ich in Flugzeugen und Hotels bin, und ich nehme Sleep Mode, ein Schlafmittel, das eine kleine Menge bioidentisches Melatonin enthält, um sicherzustellen, dass ich qualitativ guten Schlaf bekomme, obwohl ich in einer nicht ganz so perfekten Umgebung bin. Wenn ich in einem Hotelzimmer aufwache, öffne ich immer gleich das Fenster für mehr Licht und bessere Luft. Morgenlicht ist wichtig, um die Energie zu steigern und Körper und Hirn auf den Tag vorzubereiten.

Auf Reisen nehme ich meine Ergänzungsmittel abgepackt in einzelne Beutel mit und konsumiere davon genauso viel wie zu Hause. Ich schlucke täglich etwa 120 Pillen, denn ich möchte mindestens 180 Jahre alt werden. Da sich herausgestellt hat, dass sportliche Betätigung ein Stressfaktor für den Körper ist, verzichte ich auf Reisen darauf. Denn bei dem Stress, der sich aus Schlafmangel, Flugreisen, neuen Zeitzonen und der Tatsache ergibt, dass ich die Qualität des Essens nicht wie sonst kontrollieren kann, braucht mein Körper nicht noch den zusätzlichen Stress intensiver sportlicher Betätigung.

Was tun Sie, wenn etwas dazwischenkommt?

Ich pflege mein Ritual nicht, um besser mit Stress umzugehen, sondern um meine Belastbarkeit und Aufmerksamkeit aufrechtzuerhalten. Meine allgemeine Leistungsfähigkeit ist nicht von dem Ritual abhängig, sondern es baut mit der Zeit Kraft und Belastbarkeit in mir auf.

MELLODY HOBSON

**Präsidentin von Ariel Investments,
Vorstandsvorsitzende von DreamWorks Animation**

Wenn man an einem kalten Wintertag etwas schneller läuft, weil man
weiß, dass ein heißes Entspannungsbad einen erwartet.

Wie sieht Ihr Morgen-Ritual aus?

Meistens wache ich zwischen vier und fünf Uhr morgens auf, je nachdem, wo ich bin (ich lebe in Chicago und San Francisco). Ich stelle mir zwar einen Wecker, wache aber meist schon vor dem Klingeln auf. Bevor ich aufstehe, schaue ich nach dringenden E-Mails oder Nachrichten. Den Anfang des Tages widme ich meinem Workout und dann dem Zeitunglesen. Wenn ich einen Auftritt in der *CBS Morning Show* habe, stehe ich schon um ein Uhr morgens PST (Pacific Standard Time) auf, um mich um meine Frisur und mein Make-up zu kümmern und mit allen anderen notwendigen Vorbereitungen zu beginnen.

Wie lange pflegen Sie dieses Ritual schon? Was hat sich geändert?

Sicher mehr als 20 Jahre. In den letzten Jahren bin ich mit meiner Aufwachzeit viel flexibler geworden, weil ich ein kleines Kind habe. Während ich früher viel rigoroser in dem Punkt war, um vier Uhr aufzustehen, um zu trainieren, warte ich jetzt auch gerne mal, bis meine Tochter aufwacht, besonders wenn ich wegen der Arbeit verreisen muss.

Wie viel Zeit vergeht zwischen dem Aufwachen und dem Frühstück?
Ich esse, nachdem ich trainiert habe. Normalerweise esse ich zwei hartgekochte Eier und trinke, je nach Stimmung, Kaffee oder Tee. Allerdings trinke ich vorher schon während des Trainings zwei Liter Wasser.

Können Sie Ihr Trainingsritual genauer beschreiben?
Ja, aber mein Ritual hängt davon ab, wo ich aufwache. Da ich seit Jahren viel auf Reisen bin, habe ich in jeder großen Stadt ein Ritual entwickelt. Ich laufe, hebe Gewichte, schwimme und gehe zum Indoor-Cycling. Wenn ich nicht trainieren kann, fühle ich mich den ganzen Tag ein wenig wie benebelt. Für mich sind sowohl Erholung als auch Training notwendig, damit ich mich hundertprozentig fit fühle.

Gehört Meditation zu Ihrem morgendlichen Ritual?
Ich meditiere nicht, aber meine Zeit im Bad ist mir persönlich sehr wichtig. Ich nehme jeden Morgen ein Bad, um abzuschalten und zu entspannen. Wenn ich an kalten Tagen in Chicago draußen laufen gehe, laufe ich den Rückweg schneller, weil ich schon an mein Bad denke.

Was sind Ihre wichtigsten Aufgaben am Morgen?
Ich lese jeden Morgen diverse Zeitungen. Dabei ziehe ich die Printausgaben der Online-Lektüre vor. Ich lese die *New York Times*, das *Wall Street Journal*, die *USA Today* und seit Kurzem auch die *Financial Times*. Wenn ich in Chicago bin, lese ich auch noch die *Sun-Times*.

Wie fügt sich Ihr Partner in Ihr Morgen-Ritual ein?

Mein Mann sagt, er »bewacht das Bett«, während ich trainiere. Er und meine Tochter schlafen normalerweise um vier Uhr morgens noch tief und fest!

M. G. SIEGLER

Teilhaber an GV (der Risikokapitalzweig von Alphabet Inc.)

Wenn der Morgen nicht perfekt ist ohne einen echten
Starbucks Frappuccino – oder auch drei.

Wie sieht Ihr Morgen-Ritual aus?

Ich bin vor Kurzem erst von London in die USA zurückgezogen. Das bedeutet, dass ich mich wieder auf einen normalen Zeitplan umstelle. Während ich dort drüben war, habe ich oft nachts in die USA telefoniert, also bin ich normalerweise erst zwischen acht und neun Uhr morgens aufgewacht und habe dann schnell nachgeschaut, ob es dringende Nachrichten gibt oder ob nachts etwas vorgefallen ist.

Wenn es nichts allzu Dringendes gab, habe ich normalerweise einige Seiten aus der *New York Times* und Artikel gelesen, die ich mir am Vortag gespeichert hatte. Dann habe ich einen Starbucks Frappuccino getrunken, den manche Menschen verabscheuen, darunter meine Verlobte. Aber es ist mein einziges Laster, das ich schon seit meiner Kindheit habe.

Ab etwa zehn Uhr habe ich mich dann auf die E-Mails gestürzt. Zu dieser Zeit konnte ich das in Großbritannien prima machen, weil dann in den USA fast noch jeder schlief und daher nicht umgehend antworten konnte. Ich kann mich mit E-Mails überhaupt nicht anfreunden, deshalb habe ich mich nur einmal am Tag darum gekümmert und versucht, dieses ständige Hin- und Herschreiben zu vermeiden. Dann war meistens schon Mittag und gewöhnlich haben dann die Meetings für diesen Tag begonnen.

Wie lange haben Sie sich an dieses Ritual gehalten? Was hat sich geändert?

In den USA ist mein Ritual etwas anders, vor allem weil ich meine E-Mails nachts schreibe statt morgens. Ich mache das ja, weil ich vornehmlich dann E-Mails schicke, wenn die Leute nicht umgehend darauf reagieren können!

In den USA stehe ich normalerweise früher auf, wenn ich in unser Büro in Mountain View muss. Manchmal habe ich auch ein oder zwei Meetings am Morgen. Wenn mein Zeitplan feststeht, schreibe ich gerne um diese Zeit – aber er steht selten fest.

Abgesehen von den Unterschieden zwischen den USA und Großbritannien wache ich jetzt viel früher auf, als dies mal der Fall war. Als Journalist im Bereich Technologie habe ich früher bis spät in die Nacht gearbeitet und bin häufig erst gegen drei oder vier Uhr morgens ins Bett gekommen. Dann habe ich bis zehn oder elf Uhr geschlafen. In der Regel schlafe ich sieben Stunden, aber zu der Zeit des Tech-Bloggens bekam ich häufig nur sechs, manchmal sogar nur fünf Stunden Schlaf. Heute schlafe ich viel besser. Damals bin ich aufgestanden und habe mich sofort an den Computer gesetzt, um irgendeine brandheiße Geschichte zu verfassen, was auch immer an dem Tag in der Tech-Welt passiert war. Ich habe zwar nie gefrühstückt, aber immer meinen Frappuccino getrunken.

Wie viel Zeit vergeht zwischen dem Aufwachen und dem Frühstück?

Wenn ich morgens ein Meeting habe, frühstücke ich manchmal, aber normalerweise heißt es nur: ich und mein Frap.

Was sind Ihre wichtigsten Aufgaben am Morgen?

Lesen. Das bietet mir für den ganzen restlichen Tag Ideen und Inspiration. Ich lese normalerweise Zeitungen, aber manchmal auch lange Artikel, die ich mir abgespeichert habe.

Welches Getränk nehmen Sie als Erstes morgens zu sich und wann genau?

Ich dachte, das sei inzwischen klar geworden: den in Flaschen abgefüllten Frappuccino. Ich schwöre, dies ist keine Werbung für Starbucks.

Wie halten Sie es auf Reisen?

Darin bin ich nicht gut. Ich bin ein Gewohnheitstier, sodass schon eine Veränderung in meinem Ritual (zum Beispiel keinen Frappuccino zu bekommen) alles zunichtemacht. Das ist in gewisser Weise auch eine gute Sache, denn so muss ich mich anpassen und komme gelegentlich zu dem Schluss, dass ich auf die eine oder andere Art mein Ritual verändern sollte.

PETER BALYTA

Präsident von Education Technology bei Texas Instruments

Wenn das Aufwachen vor Sonnenaufgang einem in Fleisch und Blut übergegangen ist, weil man als Kind Hockey gespielt hat.

Wie sieht Ihr Morgen-Ritual aus?

An Tagen, an denen ich nicht auf Reisen bin, wache ich um 5:20 Uhr auf, schnappe mir eine Banane und trinke ein Glas Wasser. Dann überfliege ich meine E-Mails, um zu sehen, was für den Tag anliegt, und gehe anschließend direkt zu meinem täglichen Workout ins benachbarte Fitnessstudio.

Ich bin daran gewöhnt, diszipliniert zu sein, besonders, wenn es um meine Fitness geht. Das liegt vielleicht daran, dass ich als Kind in Kanada frühmorgens fürs Hockeytraining geweckt wurde und dies so ganz selbstverständlich Teil meines Rituals geworden ist.

Ich habe jahrelang Lauf- und Triathlontraining absolviert und morgens normalerweise einen langen Lauf oder eine Radtour gemacht. Als mein Job anspruchsvoller wurde und meine Familie – die oberste Priorität hat – wuchs, wurde es zunehmend schwieriger, die fürs Triathlontraining erforderlichen großen Zeiträume zu schaffen. Auch die ständige Wiederholung langweilte mich, also habe ich mit meinen Kindern Kampfsport betrieben. Aber nachdem sie ihre schwarzen Gürtel erworben hatten, wollten sie etwas anderes machen. Vor ein paar Jahren musste ich eine Trainingslücke füllen, und so bin ich auf mein jetziges Trainingsritual gekommen. Ich liebe es, weil ich dazu nur um fünf vor sechs das Fitnessstudio betreten muss, und dann übernehmen die Trainer. Wir beginnen zum Aufwärmen mit leichten Dehnübungen, denen ein hochintensives Tagestraining mit sich ständig ändernden Bewegungsabläufen folgt. Und das ist das Schöne an dem Trainingsplan: Das Training ist jeden Tag unterschiedlich, ähnlich wie in der Arbeitswelt, wo jeder Tag neue Herausforderungen bringt. Die Idee dahinter ist, Kraft, Durchhaltevermögen und Kondition zu steigern, ohne dem Körper zu erlauben, sich an die gleiche Aktivität zu gewöhnen. Nach einem kurzen Cool-down mache ich mich auf den Weg nach Hause.

Alle im Haus sind schon wach, wenn ich gegen sieben Uhr zum Frühstück zurückkomme. Das ist der beste Teil des Tages, weil wir dann wunderbare Gespräche führen.

Benutzen Sie einen Wecker, um aufzuwachen?
Ich bin viel auf Reisen, daher programmiere ich immer einen Timer, wenn ich schlafen gehe. Ich nehme mir vor, Zeit zum

Ausruhen zu finden, auch wenn es nur kleine Zeitintervalle sind – besonders, wenn ich gegen einen Jetlag ankämpfen muss.

Können Sie Ihr Trainingsprogramm etwas genauer beschreiben?
Ob ich im Fitnessstudio bin oder in einem Hotelzimmer, mein Morgen beginnt mit meinem eigenen, vom »Workout des Tages« inspirierten Programm. Ich mag das, weil es körperliches und geistiges Training miteinander verbindet und es mir ermöglicht, mich auch unterwegs an mein Fitnessprogramm zu halten.

Da ich eine Ausbildung in Mathematik und Unterrichtstechnik habe und mein Job bei Texas Instruments sich auf Unterrichtsmethoden für die Bereiche Naturwissenschaften und Mathematik konzentriert, verwende ich in meinem Workout Dinge aus den MINT-Fächern (Mathematik, Informatik, Naturwissenschaften und Technik). Ich möchte hier nicht zu sehr den Streber heraushängen lassen, aber ich wende simple Mathematik an, um die Übergangszeiten und physikalischen Verhältnisse zu bestimmen, um herauszufinden, wie ich meinen Körper an einer Hantel wirksam einsetze. Diese Kenntnisse sind besonders praktisch, wenn ich auf Reisen bin und keinen Trainer an meiner Seite habe. Die Anwendung von Mathematik und Physik hilft mir, die beste Trainingseinheit für die jeweilige Umgebung zu finden, und ich bringe häufig Übungsbänder für plyometrische und Körpergewichtsbewegungen mit und verwende alles, was im Hotelzimmer ist – zum Beispiel einen Stuhl –, um mein tägliches Training zu absolvieren.

Benutzen Sie irgendwelche Apps oder Hilfsmittel, um Ihr Morgen-Ritual zu verbessern?
Wenn ich zu Hause bin, benutze ich einen geräuschdämpfenden Lautsprecher neben meinem Bett. Ohrstöpsel helfen auch sehr,

besonders wenn ich im Flugzeug ein wenig schlafen möchte. Dazu noch eine Augenmaske und eine App mit weißem Rauschen, und ich bin für jede Reise gewappnet.

Erzählen Sie uns mehr darüber, was Sie tun, wenn Sie unterwegs sind.

Mein Beruf erfordert es, dass ich in der ganzen Welt unterwegs bin. Meist frühstücke in nicht in Restaurants, um sicherzugehen, dass ich beim Frühstück dasselbe Ritual beibehalte wie zu Hause. Ich habe schon in superausgestatteten Fitnessstudios trainiert, in denen auch das britische Könighaus verkehrte, und genauso im Freien auf Plätzen in Shanghai, auf denen 90-jährige Einheimische Tai-Chi gemacht haben. Ich schätze das Laufen noch immer sehr, weil ich da einen freien Kopf bekomme, also suche ich aktiv nach Möglichkeiten, eine Runde zu joggen, egal wo ich bin. Beim Laufen auf der Chinesischen Mauer, an der Münchner Isar und im Champ de Mars in Paris habe ich viele Probleme im Kopf gelöst. Egal wo ich bin und was um mich herum geschieht, ich nutze jede verfügbare Gelegenheit, um zu trainieren.

NUN SIND SIE DRAN

»Ich bin schon häufiger [in meiner Produktivität] abgestürzt, als
ein heruntergekommener John Steinbeck sich in der Dust Bowl
von Amerika betrunken hat. Das bringt das Reisen mit sich.«

WILL PEACH, SCHRIFTSTELLER

Auf Reisen kann es schwierig sein, das morgendliche Ritual
beizubehalten, es sei denn, Sie planen bewusst im Voraus und
packen Ihre Taschen entsprechend und ordnen Ihre Gedanken
demgemäß. Es ist hilfreich, ein spezielles Morgen-Ritual zur
Hand zu haben, das Ihren Bedürfnissen auf Reisen entspricht,
ganz egal, ob es dem Ritual ähnelt, das sie zu Hause gewohnt
sind, oder nicht.

»Seltsamerweise wache ich viel früher auf, wenn ich nicht
zu Hause bin. Ich fühle mich nach einer produktiven
Reise immer inspiriert und denke, dass ich dann auch zu
Hause ein ganz anderer Mensch sein und jeden Tag im
Morgengrauen aufwachen werde – aber innerhalb von
einer Woche falle ich unweigerlich wieder in meinen alten
Trott.«

JING WEI, ILLUSTRATORIN

Hier sind ein paar Punkte, die Sie in Betracht ziehen sollten,
wenn Sie auf Reisen gehen und sich in fremder Umgebung aufhalten.

IN EINEM HOTELZIMMER ZU ARBEITEN, KANN ÄUSSERST PRODUKTIV SEIN

Dies gilt besonders, wenn Sie allein unterwegs sind, denn wenn Sie in einem Hotelzimmer arbeiten, sind Sie nicht all den Ablenkungen wie zu Hause ausgesetzt. Andy Hayes, ein Premium-Tee-Verkäufer, stellt fest: »Ich finde, Hotels sind großartig für ruhige, entspannte Momente am Morgen, da es keine Notwendigkeit gibt, den Kühlschrank zu putzen oder den Schreibtisch aufzuräumen.«

Wenn Sie Ihr Morgen-Ritual in einem Hotelzimmer durch etwas Vertrautes ergänzen wollen, ohne davon großartig abgelenkt zu werden, dann überlegen Sie sich, einen elektrischen Wasserkocher oder Mixer mitzunehmen, sodass Sie Ihr Lieblingsgetränk zubereiten können, ohne das Zimmer verlassen zu müssen.

PLANEN SIE IHRE TERMINE KLUG IM VORAUS

Planen Sie Ihre Flüge so, dass Ihr Morgen-Ritual davon nicht beeinträchtigt wird. Wenn Sie im Flugzeug gut schlafen können, nehmen Sie einen Flug, bei dem Sie nachts unterwegs sind und relativ früh am Morgen an Ihrem Zielort ankommen. Dann können Sie, sobald Sie von Bord gehen, ein aktives Morgen-Ritual im Freien genießen.

Sofern Sie in fremder Umgebung grundsätzlich nicht gut arbeiten können, sollten Sie in Erwägung ziehen, überhaupt nicht zu verreisen, solange Sie mitten in einem wichtigen Projekt stecken, sondern sich stattdessen die Zeit sparen. Verschieben Sie die Reisen dann lieber auf einen späteren Zeitpunkt.

MACHEN SIE SICH EINEN PLAN UND HALTEN SIE SICH DARAN

Nach dem Aufwachen im Hotelzimmer ganz spontan ein Morgen-Ritual durchzuführen, könnte schwer sein. Es ist daher besser, wenn Sie, sofern Sie viel verreisen, stets ein einfaches Morgen-Ritual parat haben. So müssen Sie sich nicht groß umstellen, wenn Sie weit weg von zu Hause sind.

»Da mein Zeitplan straff ist, muss ich darauf vorbereitet sein, mich unter Umständen anpassen zu können. Ich habe einen Koffer dabei mit leichten Turnschuhen, Sportsocken und Trainingskleidung, damit ich mein Training einfach in meinen Zeitplan einbauen kann, wenn ich unterwegs bin. Ich bin ziemlich diszipliniert, wenn es darum geht, mich daran zu halten.«

KEVIN WARREN, CHIEF COMMERCIAL OFFICER BEI XEROX

Wenn Sie nur gelegentlich verreisen und deshalb Ihr umfangreiches Ritual lieber nur zu Hause pflegen, könnten Sie überlegen, ob Sie nicht Schlüsselelemente Ihres Morgen-Rituals auch unterwegs praktizieren könnten, etwa Meditation, Yoga oder leichtes Dehnen. Diese Dinge können Sie dann als Ritual durchführen, wenn Sie nicht zu Hause sind.

MACHEN SIE SICH KEINE VORWÜRFE

Machen Sie sich keine Vorwürfe, wenn Sie Ihr Morgen-Ritual (oder selbst eine abgespeckte Version davon) unterwegs nicht perfekt umsetzen können. Ob Sie nun allein in einem Hotelzimmer übernachten oder bei einem Freund auf dem Sofa schlafen, vielleicht sind Sie an einem anderen Ort einfach bei Weitem nicht so effizient wie zu Hause. Das ist absolut in Ordnung.

> »Rituale sind schon eine lustige Sache. Sich daran zu halten, bedeutet ein gewisses Maß an Stress. Sich nicht daran zu halten, verursacht eine andere Form von Stress. Was ich auch tue, vollkommen entspannt bin ich nie.«
>
> STEVEN HELLER, EHEMALIGER ART DIRECTOR DER *NEW YORK TIMES BOOK REVIEW* UND CO-VORSITZENDER DES SVA-MFA-DESIGN-PROGRAMMS

Wenn Sie das nächste Mal eine Reise planen, bei der Sie Freunde oder Verwandte besuchen, denken Sie an Benjamin Franklins berühmtes Sprichwort aus dem *Poor Richard's Almanac*: »Besuch ist wie Fisch – nach drei Tagen stinkt er.« Am besten gestalten Sie Ihren Aufenthalt so kurz wie möglich und passen sich währenddessen an die morgendliche Rituale Ihrer Gastgeber an. Der Schriftsteller Paul French hat das wunderbar in Worte gefasst: »Die Morgendämmerung ist kein idealer Zeitpunkt, um im Haus eines anderen herumzuklappern. Ich tue mein Bestes, um niemanden aufzuwecken und die Katze nicht zu ärgern.«

ANDERERSEITS ...

Es gibt ein paar Arten von Reisen, bei denen Sie keinerlei Anstrengung unternehmen sollten, Ihr Morgen-Ritual beizubehalten, sondern sich stattdessen lieber auf das Hier und Jetzt konzentrieren sollten, zum Beispiel:

1. wenn Sie wegen wichtiger Arbeitstreffen und Veranstaltungen verreisen,
2. wenn Sie zum Vergnügen verreisen.

Was den ersten Fall betrifft, so haben viele der Menschen, mit denen wir gesprochen haben, festgestellt, dass ihre Aufwachzeit bei Geschäftsreisen hauptsächlich von ihrem eigentlichen Reisegrund bestimmt wird. Und so sollte es auch sein, vor allem, wenn Sie nur für ein oder zwei Tage geschäftlich unterwegs sind und der Grund Ihrer Abwesenheit für Ihr Unternehmen oder Ihre Karriere besonders wichtig ist. Arbeiten Sie in dieser Situation so hart wie möglich und opfern Sie alles außer Schlaf.

Wenn Sie zum Vergnügen verreisen, lassen Sie sich einfach treiben. Entspannen Sie im Urlaub, so gut es geht. Wenn Sie Familienangehörige besuchen (gerade solche, die Sie nicht sehr oft sehen), genießen Sie dort Ihre Zeit mit ihnen, statt sich darüber Gedanken zu machen, ob Ihr Morgen-Ritual zu kurz kommt.

KAPITEL 10

VERÄNDERUNGEN AKZEPTIEREN

WIE SIE MIT DEM SCHEITERN KLARKOMMEN UND SICH AN WIDRIGSTE UMSTÄNDE ANPASSEN KÖNNEN

MEIN MORGEN-RITUAL KONNTE ICH NICHT DURCHFÜHREN, ALSO HABE ICH NUR DAS WICHTIGSTE GEMACHT.

E s läuft morgens nur selten genau so, wie wir uns das vorgestellt haben. Die Art und Weise, wie wir auf Störungen unseres Morgen-Rituals reagieren, ist dabei wichtiger als die Störung an sich. Wenn Sie einen Partner, andere Familienangehörige oder Mitbewohner haben, müssen Sie vielleicht zum Wohle der Allgemeinheit auf ein paar Ihrer Präferenzen verzichten. Für Perfektionisten kann es besonders schwierig sein, sich auf Momente einzulassen, die nicht in ihrem Ritual enthalten sind, und deshalb werden wir in diesem Kapitel versuchen, genau daran zu arbeiten.

Einer der häufigsten Gründe, warum Menschen Ihr Morgen-Ritual aufgeben, ist, dass sie in alte Gewohnheiten verfallen und sich danach nicht wieder aufraffen können. Angesichts dessen ist es vollkommen normal (und angemessen), dass Sie von Zeit zu Zeit Ihr Ritual verändern. Doch das sollten Sie selbst bestimmen. Wenn morgens etwas vollkommen Unerwartetes geschieht, um das Sie sich unbedingt kümmern müssen, sollten Sie diese Situation bewältigen, ohne dass der Rest des Tages unnötig in Mitleidenschaft gezogen wird.

In diesem Kapitel sprechen wir (unter anderem) mit der Sängerin und Songwriterin Sonia Rao darüber, dass sie unterschiedliche Rituale ausprobiert hat, um zu klären, was für sie am besten funktioniert; mit dem Autor und Blogger Leo Babauta darüber, warum es für ihn wichtig ist, sein Morgen-Ritual flexibel und bewusst zu halten; und mit der in London lebenden Assistenzärztin Rumana Lasker Dawood darüber, dass ihre Arbeitsschichten sie gezwungen haben, morgens effizienter zu sein.

SONIA RAO

Sängerin und Songwriterin

Wenn man feststellt, dass man seine eigenen Zeiten nicht nur deshalb
bestimmen sollte, weil man es kann.

Wie sieht Ihr Morgen-Ritual aus?

Ich wache gegen acht Uhr auf und bleibe normalerweise noch
einen Moment liegen, um mich daran zu erinnern, was ich ge-
träumt habe, und um über den vor mir liegenden Tag nachzudenken. Dann gehe ich duschen und ziehe mich an. Obwohl ich
an den meisten Tagen zu Hause arbeite, ziehe ich mich gleich
richtig an.

Dann frühstücke ich, meditiere 30 Minuten und schreibe
noch 30 Minuten Dinge auf, die mir gerade einfallen. Um zehn
Uhr checke ich meine E-Mails, meine Social-Media-Konten
und mein Handy. Ich beantworte alles Notwendige und stelle
dann mein Handy bis abends aus. (Ich schalte es wieder an,
wenn ich jemanden anrufen muss, dann mache ich es wieder
aus.) Handys machen mich verrückt – ich fühle mich nur vollkommen bei mir selbst, wenn meines ausgeschaltet und weg-
gelegt ist. Das klingt vielleicht, als würde ich spinnen, aber ich
bin zufriedener, wenn das Handy die meiste Zeit des Tages ausgeschaltet ist.

Um elf Uhr mache ich Aufwärmübungen für meine Stimme, übe Geige und arbeite ein paar Stunden. Dies ist meine
liebste Zeit am Tag, ich bin im Kopf ganz frei und kann mich
auf die Musik konzentrieren. Im Moment bereite ich eine Tournee vor und arbeite deswegen an meinem Liveset. Wenn die
Tournee beendet ist, nutze ich die Zeit, um neue Songs zu
schreiben, statt zu proben.

Um 15 Uhr esse ich zu Mittag, von etwa 16 bis 20 Uhr beschäftige ich mich mit dem Teil des Musikerdaseins, der nichts mit Musik zu tun hat, wovon es tatsächlich recht viel gibt. Als ich damit anfing, war mir nicht bewusst, wie viel auch das Leben als Musiker mit Geschäft zu tun hat. Ich mag auch diese andere Art von Kreativität, aber das erfordert doch eine ganze Menge Zeit.

Wie lange pflegen Sie dieses Ritual schon? Was hat sich geändert?

Dies ist seit einigen Jahren mein Ritual. Es ändert sich, je nachdem, in welcher Phase ich mich befinde. Als ich im letzten Jahr mein Album in Nashville aufgenommen habe, hatte ich einen ganz anderen Zeitplan. Wenn ich in den nächsten paar Monaten auf Tournee bin, werde ich fast jeden Tag unterwegs sein und auftreten, also wird es wohl so aussehen, dass ich schlafe, irgendwohin fahre, ein Konzert gebe und sich das dann wiederholt. Ich hoffe wirklich, dass ich mich trotzdem auch ein wenig umschauen kann, denn in vielen Städten bin ich zuvor noch nie gewesen.

Ich ändere ständig etwas und spiele mit verschiedenen Ritualen, um zu sehen, was sich am besten anfühlt. Auch wenn ich selbstständig bin und meine Zeit selbst einteilen kann, habe ich festgestellt, dass ich am produktivsten und glücklichsten bin, wenn ich mich an denselben Zeitplan halte wie die meisten Menschen um mich herum. Ich schlafe gerne, wenn andere schlafen, und gehe sonntags gerne brunchen wie viele andere auch. Wenn ich zum Beispiel mitten am Tag an einem Mittwoch unterwegs bin, fange ich an, mir Gedanken zu machen wie: »Mache ich im Leben grundsätzlich etwas falsch? Warum bin ich jetzt der einzige Mensch hier im Trader Joe's?« Dann stelle ich auch ganz schnell meine Entscheidungen im Leben in Frage. Um eine derartige Krise zu vermeiden, versuche ich mich so weit wie möglich an einen »normalen« Zeitplan zu halten. Früher habe ich in einer Beratungsfirma gearbeitet, und als ich die Arbeit aufgegeben habe, um nur für die Musik zu leben, dachte ich, ich würde nun einen ganz unregelmäßigen Tagesablauf haben und nur dann schreiben, wenn ich mich dazu inspiriert fühle und so weiter. Aber ich mag es, jeden Tag zu schreiben oder zu proben. Ich glaube, das ist es, was mich voranbringt, sowohl in puncto Produktivität als auch Kreativität. Ich setze mich gern jeden Tag ans Klavier oder schreibe, egal ob ich mich nun danach fühle oder nicht. Das ist die beste Therapie. Normalerweise sind die ersten Songs, die ich schreibe, nachdem ich mich ans Klavier gesetzt habe, fürchterlich und ich verwerfe sie, aber den dritten Song behalte ich. Ich weiß dann, dass mein Durchhaltevermögen sich auszahlt und der Kreislauf der Dinge weitergeht.

Um wie viel Uhr gehen Sie schlafen?
Außer wenn ich ein Konzert gebe, bin ich zwischen 23:30 und 24 Uhr im Bett. Nach einem Konzert bin ich gewöhnlich zu aufgedreht, um gleich einschlafen zu können, also bleibe ich an solchen Abenden länger auf. Ich lese gerne noch ein wenig, bevor ich einschlafe. Es ist schwer für mich, den Übergang zwischen Wachsein und Schlafen hinzubekommen, ohne mich in Gedanken auf eine andere Sache zu konzentrieren.

Benutzen Sie einen Wecker, um aufzuwachen?
Ja. Wenn ich acht Stunden Schlaf bekomme, brauche ich die Schlummertaste nicht, sonst drücke ich sie ein- oder zweimal. Wieder einzuschlafen, ist einfach zu verführerisch, als es nicht zu tun.

Während der Tournee, wenn ich viel fahre und singe, gönne ich mir so viel Schlaf, wie ich brauche, da stelle ich keinen Wecker. Es ist mir wirklich wichtig, auf Tournee gesund zu bleiben und mich gut zu fühlen. Ich will es genießen und mich nicht da durchkämpfen müssen.

Haben Sie morgens ein bestimmtes Trainingsprogramm?
Nein. Ich wollte immer so ein Mensch sein, aber ich hasse es. Ich hatte einmal morgens einen Spinning-Kurs, aber das war schrecklich. Diese extrem gut gelaunte Person schreit dich an, schneller zu radeln, aber es ist erst sieben Uhr morgens und alles ist nur fürchterlich. Ich bin nie mehr dorthin gegangen.

Welches Getränk nehmen Sie als Erstes morgens zu sich und wann genau?
Ich trinke ein Glas Wasser und einen Chai-Tee. Ich trinke im Laufe des Tages noch zwei Tassen Chai und viel mehr, wenn ich an dem Tag Songs schreibe. Wenn nicht, steige ich auf entkoffeinierten Tee um.

Können Sie uns mehr über Ihr Ritual erzählen, wenn Sie auf Tour sind?
Ich mag es, mich stabil und geerdet zu fühlen, aber mit dem Musikgeschäft gehen viele Unwägbarkeiten und Reisen einher. Wahrscheinlich mache ich mir deshalb einen Zeitplan, wenn ich zu Hause bin. Der gibt mir ein Gefühl von Struktur.

Wenn ich in den nächsten paar Monaten auf Tournee bin, bereise ich 34 Städte und da möchte ich mich irgendwie geerdet fühlen. Ich werde bestimmt jeden Morgen schreiben und meditieren; neben diesen zwei Dingen möchte ich jedoch noch ein wenig Zeit unverplant lassen. Die Konzerte sind bereits so durchstrukturiert, dass ich die restliche Zeit nutzen möchte, um die Städte zu erkunden, in denen ich bin, und neue Songs zu schreiben.

AUSTIN KLEON

Autor von *Alles nur geklaut –*
10 Wege zum kreativen Durchbruch

Wenn die größte Herausforderung darin besteht, den Kopf
freizuhalten, damit nichts von außen in ihn eindringt.

Wie sieht Ihr Morgen-Ritual aus?

**Wie lange pflegen Sie dieses Ritual schon? Was hat sich
geändert?**

Bereits seit mein erster Sohn geboren wurde. Der Luxus, zu
Hause zu arbeiten und keinen typischen Job zu haben, er-

möglicht es uns, langsam wach zu werden und ganz entspannt in den Tag zu starten. Es gibt keine übertriebene Eile, ich muss nicht in den Wagen springen und irgendwohin fahren. Und da wir so früh aufstehen, bin ich normalerweise nicht viel später am Schreibtisch, als wenn ich in einer Agentur arbeiten würde.

Wie viel Zeit vergeht zwischen dem Aufwachen und dem Frühstück?

Wir frühstücken sofort. Wir essen normalerweise ein paar Eier oder Toast mit Erdnussbutter und einen Smoothie oder auch, wenn es ganz was Besonderes sein soll, Frühstückstacos.

Haben Sie morgens ein bestimmtes Trainingsprogramm?

Fast jeden Morgen, ob es regnet oder die Sonne scheint, packen meine Frau und ich unsere beiden Söhne in den roten Doppelkindersportwagen (wir nennen ihn den Kampfschlepper) und unternehmen einen fünf Kilometer langen Spaziergang durch die Nachbarschaft. Es ist oft mühsam, manchmal grandios, aber es ist für unseren Tag immer unerlässlich. Dabei entstehen Ideen, wir schmieden Pläne, beobachten die Natur der Vorstadt, schimpfen über die Politik und vertreiben unsere Dämonen.

Wir lassen das fast nie aus und ich betrachte es als den wichtigsten Teil des Tages. Ich verabrede mich morgens nie oder gehe zu morgendlichen Besprechungen oder sonst was, weil das bedeuten würde, dass ich den Spaziergang versäume.

Was sind Ihre wichtigsten Aufgaben am Morgen?

Die größte Herausforderung ist für mich zu versuchen, den Kopf freizuhalten, damit nichts von außen in ihn eindringt, allein mit meinen eigenen Gedanken zu sein, bevor ich mich hinsetze und mich mit etwas beschäftige.

Welches Getränk nehmen Sie als Erstes morgens zu sich und wann genau?

Mein Schwager hat mein Leben ruiniert, denn er hat mir gezeigt, was guter Kaffee ist und wie man ihn macht. Es ist ein Ritual: den Wasserkessel aufsetzen, die Bohnen mahlen, den Filter ausspülen und den Kaffee aufbrühen.

Was tun Sie, wenn etwas dazwischenkommt?

Ich versuche, mir zu verzeihen und weiterzumachen. (Die Sonne geht auf und wieder unter. Der morgige Tag bietet immer eine neue Chance.) Es ist ja oft so, dass gerade die Tage, an denen man sein Ritual unterbricht, die interessantesten Tage sind. Die Tage mit Ritual machen die Tage ohne Ritual besonders (wie eine zuckerfreie Diät einen Donut), aber das wäre nicht so, wenn es kein Ritual gäbe, das unterbrochen werden kann.

RUMANA LASKER DAWOOD

Assistenzärztin, Schneiderin

Wenn ein verrückter Job den überraschenden Vorteil hat, dass er einen lehrt, die Störungen des Morgen-Rituals so zu nehmen, wie sie kommen.

Wie sieht Ihr Morgen-Ritual aus?

Mein Wecker klingelt erstmals zum Morgengebet, was zu dieser Jahreszeit ungefähr um drei Uhr in der Früh ist. Wenn der Wecker ertönt, muss ich sofort aufstehen und darf auf keinen Fall die Schlummertaste drücken, sonst schlafe ich gleich weiter. Wir beten normalerweise im Dunkeln – Licht um diese Zeit anzuhaben, ist störend. Wir beten etwa zehn Minuten, dann klettern wir wieder ins Bett zurück.

So richtig stehe ich dann um 6:20 Uhr auf, aber diesmal drücke ich zweimal die Schlummertaste (dreimal, wenn ich schon weiß, was ich anziehen werde), bevor ich tatsächlich aufstehe. Dann muss bei mir alles husch, husch gehen: Zähne putzen, duschen, Gesichtspflege, dann noch schnell einige Kleider bügeln und meinen Hidschab anlegen. Ich habe eine ungefähre Vorstellung davon, wie viel Zeit mich diese Dinge kosten, und kann abschätzen, ob ich noch Zeit für eine Schüssel Müsli habe. Das ist mein Moment der ungestörten Ruhe, wenn ich mich hinsetze und mir noch die neuesten Schlagzeilen auf dem Handy anschaue, bevor ich aus dem Haus eile.

Wie lange pflegen Sie dieses Ritual schon? Was hat sich geändert?
Mein Beruf als Ärztin bringt es mit sich, dass sich meine Schichten von Tag zu Tag verändern. Außerdem wechsele ich alle sechs Monate die Station, auf der ich arbeite. So ist jeder Tag also ein kleines bisschen anders.

Im Laufe der Jahre habe ich es geschafft, mein Morgen-Ritual effizienter zu gestalten. Ich habe definitiv viel Zeit dadurch gespart, dass ich begonnen habe, einen Hidschab zu tragen. Von da an brauchte ich keine Zeit mehr, um vor dem Spiegel mein Haar zu bändigen! Diese gewonnene Zeit habe ich in Schlaf umgesetzt – wenn ich nicht gut schlafe, spüre ich das am nächsten Tag.

Haben Sie morgens ein bestimmtes Trainingsprogramm?
Als ich einen Job hatte, bei dem meine Schichten spät am Tag begannen, habe ich versucht, mein Trainingsprogramm in den Morgen zu verlegen. Aber ich fühlte mich erschöpft und kam mit dem »Tief« mitten in der Schicht nicht klar, deshalb habe ich das Training wieder auf den Abend verschoben.

Wie fügt sich Ihr Partner in Ihr Morgen-Ritual ein?

Mein Mann ist ebenfalls Arzt, also arbeitet auch er zu unterschiedlichen Zeiten. Meistens beginnt einer von uns viel früher als der andere, sodass wir uns nicht wirklich in die Quere kommen.

Was tun Sie, wenn etwas dazwischenkommt?

Ich bin wirklich ein Gewohnheitstier, und wenn etwas aus dem Takt gerät, kann es mich wirklich aus der Fassung bringen und mich aufwühlen. Aber ich habe in meinem Beruf gelernt, mit dem Unerwarteten zu rechnen und mich anzupassen. Wenn ich erst einmal bei der Arbeit bin, füge ich mich einfach dem gewohnten Gang der Dinge.

DANIEL EDEN

Produktdesigner bei Facebook

Auf dem Weg zur Arbeit den Gedanken freien Lauf lassen können.

Wie sieht Ihr Morgen-Ritual aus?

Ich werde morgens um halb sieben Uhr vom Wecker geweckt. Im vergeblichen Bestreben, morgens besser aus dem Bett zu kommen, habe ich mein Handy auf der anderen Seite des Schlafzimmers deponiert. Aber schon 20 Sekunden nach halb sieben krieche ich mit dem Handy in der Hand wieder zurück ins Bett und checke eine halbe Stunde lang verschlafen meine E-Mails und Social-Media-Accounts. Dann dusche ich schnell, ziehe mich an und öffne meinen Laptop, selektiere E-Mails und Nachrichten, bis es an der Zeit ist, zum Shuttle zu gehen, der mich zum Facebook-Campus bringt.

Die Fahrt mit dem Shuttle dauert normalerweise eine Stunde und in der Zeit arbeite ich entweder an einem Kunstprojekt, lese oder starre einfach auf die Straße. Viele Leute schimpfen über den Weg zur Arbeit oder machen sich Sorgen, aber ich mag es, dass ich so im Grunde gezwungen werde, meinen Gedanken freien Lauf zu lassen.

Mittwochs ist mein Ritual etwas anders, weil ich da meist zu Hause arbeite. Ich stehe dann um die gleiche Zeit auf, doch statt zum Menlo Park zu fahren, gehe ich um den Häuserblock, kaufe für meine Freundin und mich Kaffee und etwas zum Frühstück ein, kehre in die Wohnung zurück und lasse laute Musik laufen, während ich dann langsam meine Aufmerksamkeit auf die strategische Arbeit richte. Das Projekt, an dem ich derzeit arbeite, erfordert ein besonderes Maß an Kreativität und neuartigen Ideen, daher versuche ich gelegentlich, etwas aus der Mittwochmorgenessenz auf die anderen Wochentagsrituale zu übertragen.

Um wie viel Uhr gehen Sie schlafen?
Ich versuche um 22:30 Uhr im Bett zu sein. Seit Kurzem kann ich alle Lampen in meiner Wohnung über mein Smartphone ansteuern, das heißt, ich kann alle Lampen so einstellen, dass sie zwischen 22 und 22:30 Uhr herunterdimmen. Wenn ich dann im Dunkeln an meinem Handy sitze, weiß ich, dass es Zeit ist, ins Bett zu gehen.

Was tun Sie, um sich schon abends auf den Morgen vorzubereiten?
Seit einiger Zeit dusche ich vor dem Schlafengehen und dadurch fühle ich mich frischer. Ich weiß nicht, ob mir das auch bei meinem Morgen-Ritual hilft, aber wenn ich mich frisch fühle, kann ich garantiert schneller einschlafen.

Wie fügt sich Ihre Partnerin in Ihr Morgen-Ritual ein?

Meine Freundin ist morgens viel aktiver als ich. Sie wacht oft ungeheuer früh auf – schon so um halb sechs – und geht eine Runde um den Lake Merritt laufen, bevor ich aufwache. Sie hat mich definitiv zu einem bewussteren Morgenmenschen gemacht. Wir genießen es beide, früh schlafen zu gehen und frühmorgens etwas erledigen zu können.

YOLANDA CONYERS

Chief Diversity Officer bei Lenovo

Wenn der schmale Grat zwischen Arbeit und Freizeit
nicht leicht zu gehen ist.

Wie sieht Ihr Morgen-Ritual aus?

Ich versuche, in meinem Morgen-Ritual Struktur und Flexibilität im Gleichgewicht zu halten. Als extern arbeitende Führungskraft in einem globalen Unternehmen empfange ich schon ab sieben Uhr Anrufe von Kollegen aus Asien. Das heißt, dass ich normalerweise um halb sieben wach bin. Sobald ich aufgestanden bin, hole ich mir meine Morgensnacks und wechsele zwischen Diensttelefonaten, dem Beantworten von E-Mails und dem Verzehr meines Frühstücks hin und her.

In meinem Kalender ist immer um zehn Uhr eine Pause für mein Training vorgesehen. Ich gehe gerne in der Nähe spazieren – in die Natur zu kommen, hilft mir, mich zu erden und Energie zu tanken. Ich gehe dreimal in der Woche wandern, viermal, wenn ich das Wochenende mit einbeziehe. Jetzt, da er in Rente ist, geht sogar mein Mann häufig mit. In einem so arbeitsintensiven Leben, in dem es gilt, Familie und Arbeit zu vereinbaren, ist das unsere Chance, zueinanderzufinden und wichtige und schöne Momente miteinander zu verbringen. Wenn ich allein wandere, höre ich dabei Musik – eine bunte Mischung von Bruno Mars über Beyoncé bis hin zu Marvin Gaye.

Wie lange pflegen Sie dieses Ritual schon? Was hat sich geändert?

Ich bin vor zehn Jahren als externe Mitarbeiterin bei Lenovo eingestiegen. Am Anfang war es eine Umstellung, außerhalb der normalen Büroumgebung zu arbeiten. Da habe ich eigentlich ständig gearbeitet. Einerseits lag das daran, dass ich neu in der Firma war und vieles lernen musste, andererseits aber auch daran, dass ich nicht wusste, wie ich meine Zeit einteilen soll. Ich hatte noch nie zuvor als Externe gearbeitet und es dauerte einige Jahre, bis ich mir zugestanden habe, auch Zeit für mich selbst zu nehmen, ohne deswegen ein schlechtes Gewissen zu haben. Ich musste begreifen, dass ich mir, wenn ich rund um die Welt reise und mein Wochenende dabei draufgeht, diese Zeit auch zurückholen darf. Das klappt nie ganz, aber mittlerweile weiß ich, dass es völlig in Ordnung ist, wenn ich mir, sobald ich wieder zu Hause bin, Zeit für mich und meine Familie nehme.

So frei zu arbeiten, ist eine Herausforderung, denn die Arbeit hört nie wirklich auf. Ich muss mich zwingen, eine Pause einzulegen und mich um Dinge zu kümmern, die ich für mein Privatleben tun muss, und darf kein schlechtes Gewissen haben, wenn ich eine Stunde vom Tag abzweige, um meinem Sohn bei einem Laufwettbewerb zuzuschauen. Da ich jeden Tag plane und Prioritäten setze, was ich in der Arbeit und in puncto Familie erreichen möchte, und flexibel bin, kann ich diese beiden Anforderungen in Einklang bringen.

Gehört Meditation zu Ihrem morgendlichen Ritual?

Ich meditiere nicht richtig, aber ich bete auf meinen Wanderungen. Meine Wanderungen sind eine Form des mentalen Stressabbaus. Wenn ich inmitten der Natur bin, inspiriert mich das und erinnert mich daran, dass die Welt so viel größer ist als ich selbst und dass sie Gottes Werk ist.

LEO BABAUTA

Initiator des Blogs Zen Habits

Der Versuch, den Morgen genau so zu verbringen,
wie man sein ganzes Leben verbringen will.

Wie sieht Ihr Morgen-Ritual aus?

Ich habe kein festes Morgen-Ritual mehr. In letzter Zeit versuche ich, meinen Morgen 1) bewusst, 2) auf wichtige Arbeit konzentriert und 3) flexibel zu gestalten. Das heißt normalerweise, dass ich meditiere, Kaffee trinke und schreibe. Aber es kann auch sein, dass ich lese oder Yoga mache und Zeit mit meiner Frau verbringe. Im Allgemeinen versuche ich, morgens um halb sieben wach zu sein, aber manchmal ist es auch erst sieben Uhr oder später, je nachdem, wann ich eingeschlafen bin.

Wie lange pflegen Sie dieses Ritual schon? Was hat sich geändert?

Ich verfolge Spielarten dieses flexiblen, bewusst wandelbaren Morgen-Rituals seit einigen Jahren. Es verändert sich andauernd, um ehrlich zu sein. Früher war ich viel strikter mit meinem Morgen-Ritual und viel stärker auf Produktivität fokussiert. Heute konzentriere ich mich mehr auf Achtsamkeit und darauf, nicht zu dogmatisch zu sein. Jeder Tag ist anders und ich versuche, mich nicht daran zu stören.

Können Sie uns mehr über Ihre morgendliche Meditation erzählen?
Normalerweise ist Meditieren das Erste, was ich morgens mache. Ich meditiere nach der Zen-Lehre, das heißt, ich beginne mit Atemmeditation und dann folgt eine objektlose Sitzmeditation (Shikantaza). Ich mache nichts Besonderes.

Wie fügt sich Ihre Partnerin in Ihr Morgen-Ritual ein?
Meine Frau und ich trinken normalerweise zusammen Kaffee und lesen gemeinsam. Sie lässt mir meinen Freiraum, damit ich meinem Ritual nachgehen kann, und ich lasse ihr ihren Freiraum.

Was tun Sie, wenn etwas dazwischenkommt?
Mein Ritual ist nicht streng festgelegt, daher gibt es eigentlich keine Tage, an denen ich ihm nicht folge. Aber es gibt Tage, an denen etwas aus unterschiedlichen Gründen nicht funktioniert. Wenn das passiert, versuche ich mich, wenn möglich, bewusst zu hinterfragen und mir in Erinnerung zu rufen, was wichtig ist.

Möchten Sie noch etwas hinzufügen?
Ich versuche, meinen Morgen so zu verbringen, wie ich mein ganzes Leben verbringen möchte: achtsam, flexibel und mit Mitgefühl. Ich bin jedoch in keinem Punkt perfekt.

ANA MARIE COX

Politische Kolumnistin und Kulturkritikerin

Wenn einem klar wird, dass es an manchen Tagen schon ein Erfolg
ist, einfach aus dem Bett zu kommen.

Wie sieht Ihr Morgen-Ritual aus?

Ich stehe zwischen sieben und halb acht Uhr morgens auf, auch
wenn ich mir immer vornehme, früher aufzustehen. Ich bete
und fasse einen Vorsatz für den Tag. Wenn ich Zeit habe, meditiere ich fünf Minuten lang und schreibe ein paar Morgenseiten. Im besten Falle habe ich bis nach der Meditation damit
gewartet, mein Handy zu checken, um sicherzugehen, dass
keine Bombe geplatzt ist, im eigentlichen und im übertragenen
Sinn. Ist alles relativ normal, dann mache ich mir einen Kaffee
(was an sich schon ein Ritual ist) und lese 20 oder 30 Minuten
lang, aber nicht am Bildschirm. Wenn die Dinge nicht normal
sind, wenn es eine riesige Geschichte gibt, die mich den ganzen
Tag beschäftigen wird, schalte ich den Fernseher ein und beginne, darüber online zu lesen.

Was tun Sie, um sich schon abends auf den Morgen vorzu-bereiten?

Ich spreche ein Abendgebet und denke über den Vorsatz für
diesen Tag nach. Außerdem lege ich für den nächsten Morgen
mein Tagebuch mit einem Füller bereit.

Wie fügt sich Ihr Partner in Ihr Morgen-Ritual ein?

Ha! Mein Mann schläft ein bisschen länger als ich. Er weiß,
dass er mich nicht stören soll, wenn ich meditiere oder schreibe.
Generelle Regel: Bitte nicht stören, wenn ich Kopfhörer trage.

Wenn er aufgestanden ist und ich bei meiner Morgenlektüre bin, machen wir vielleicht den Fernseher an und schauen beim Kaffeetrinken die Nachrichten.

Möchten Sie noch etwas hinzufügen?
Wenn ich etwas über die Rituale anderer Leute lese, vergleiche ich sie immer mit meinen und finde stets, dass es mir an Disziplin mangelt. Das liefert mir wieder Gründe genug, um mich selbst fertigzumachen: Oh, sie läuft 1,5 Kilometer! Er liest den kompletten Vorderteil der *New York Times*! Sie erledigt ihre ganzen anstehenden E-Mails! Jeder, der das hier liest, sollte erkennen, dass all diese Dinge durchaus erstrebenswert sind, aber nicht immer umgesetzt werden können. Ich leide von Zeit zu Zeit unter Depressionen, und in diesen Phasen muss ich mir ins Bewusstsein rufen, dass es schon ein Erfolg sein kann, einfach aus dem Bett zu kommen. Wozu wir tatsächlich fähig sind, das ändert sich von Tag zu Tag, und es ist wichtig, das zu erkennen und zu honorieren – das bedeutet, dass man stolz auf das sein sollte, was man an diesem einen Tag geschafft hat.

Wenn man sich ein morgendliches Ritual ausdenkt, sollte man sich darüber im Klaren sein, dass man es in Angriff nimmt, um sich selbst etwas Gutes zu tun, nicht um den Produktivitätsstandard eines anderen zu erfüllen. Deshalb ist das Gebet so ein wichtiger Teil meines Rituals – und vielleicht der einzige, neben dem Kaffee, den ich niemals versäume. Gebete erinnern mich daran, dass jeder Tag ein Geschenk ist, ganz gleich, wie ich ihn angehe. Es ist ein Geschenk, am nächsten Tag aufzuwachen, eine weitere Chance zu haben, daran zu arbeiten, der Mensch zu werden, der ich auf dieser Erde sein will. 1,5 Kilometer vor dem Frühstück zu joggen oder meinen Avocado-Toast auf Instagram zu posten, ist für mich in dieser Beziehung nicht wichtig.

NUN SIND SIE DRAN

»Es liegt eine enorme Kraft darin, wenn Sie Ihr Morgen-Ritual
schaffen, aber es liegt noch mehr Kraft darin, sich darauf
einzustellen, wenn es nicht so läuft, wie wir uns das wünschen.
Ein Ritual unterstützt uns dabei, das Produktivste aus uns
herauszuholen, aber Veränderung hilft uns, unsere Komfortzone
zu verlassen. Beide Ansätze sind positiv.«

TERRI SCHNEIDER, AUSDAUERSPORTLERIN

Momente, die von dem Ritual abweichen, in Ihr Morgen-Ritual
mitaufzunehmen, ist eine Möglichkeit, um mit unvorher-
sehbaren Situationen umzugehen – nutzen Sie dies, so gut wie
möglich, und Sie werden feststellen, dass Sie trotzdem noch gut
mit Ihrem Ritual arbeiten können.

Anstatt diese Momente als Scheitern zu betrachten, sollten
Sie lieber bedenken, dass Ihr Ritual ein Mittel zum Zweck ist,
nicht der Zweck selbst. Wenn Sie es zulassen, dass die Tatsache,
dass Sie bestimmte Teile Ihres Rituals nicht geschafft haben, sie
so sehr stört, dass nicht nur die Qualität Ihres restlichen Morgens, sondern der gesamte restliche Tag davon betroffen ist,
dann erfüllt Ihr Ritual nicht wirklich den Zweck, den es ursprünglich haben sollte.

»Früher hat es meinen ganzen Tag negativ beeinflusst,
wenn ich einen Aspekt meines Rituals verpasst habe. Jetzt
sehe ich es so, dass ein Ritual im Leben ständig in Bewegung ist, Veränderung ist die einzige Konstante. Wenn
ich scheitere, weiß ich, dass ich bloß ein oder zwei Aspekte

meines Rituals streichen und mich wieder auf die Grundpfeiler konzentrieren muss: guter Schlaf, ein achtsamer
Start, sportliche Betätigung und Wasser.«

JOEL GASCOIGNE, GESCHÄFTSFÜHRER VON BUFFER

Wenn Sie die nicht so perfekten Umstände akzeptieren und es
Ihnen gelingt, diese in Ihr Morgen-Ritual zu integrieren, müssen Sie auch in Zukunft nicht vom Kurs abweichen, wenn Sie
wieder einmal vor einer ähnlichen Situation stehen. Ihr Ritual
wird dadurch weniger störanfällig. Auf die Frage nach dem limitierenden Faktor bezüglich seines Morgen-Rituals hat General Stanley McChrystal geantwortet, das sei normalerweise
etwas, worauf er keinen Einfluss habe, wie etwa ein Kunde, der
sich zum Frühstück treffen will. Wenn das passiere, stehe er einfach früher auf, um sein Morgen-Ritual vor dem frühen Treffen
zu absolvieren. Er passt seinen Zeitplan dem Ritual an, um es
hinzubekommen. Das mag nicht ideal sein, aber so ist es ihm
möglich, sein Morgen-Ritual zu pflegen und mit den geänderten
Umständen klarzukommen. Geben Sie Ihr Morgen-Ritual nicht
beim ersten Anzeichen von Stress auf. Lernen Sie, die Momente, die Ihrem Ritual hinderlich sind, zu akzeptieren.

WENN IHR MORGEN-RITUAL ZU SCHEITERN DROHT, KONZENTRIEREN SIE SICH AUF EIN ODER ZWEI DER WICHTIGSTEN FAKTOREN

Manchmal fühlt es sich morgens so an, als breche alles über
einem zusammen, auch wenn einen selbst keine Schuld trifft.
Wir kennen alle das Gefühl von Stress und Frustration, das
damit einhergeht. Sollte dies passieren, dann versuchen Sie, wenigstens ein oder zwei zentrale Punkte Ihres Morgen-Rituals
beizubehalten und zu vollenden. Dies kann Ihr Training sein

oder Ihre Meditation oder die fünf Minuten, die Sie mit Ihrem Hund verbringen, bevor Sie das Haus verlassen. Wenn Sie aus der Spur geraten, machen Sie sich einen Plan und halten Sie sich daran. Konzentrieren Sie sich und behalten Sie die Kontrolle, anstatt Ihren Morgen komplett platzen zu lassen.

»Nicht alles läuft immer nach Plan, aber das bedeutet normalerweise nicht das Ende der Welt. Wenn etwas mein normales Ritual durcheinanderbringt, versuche ich vor allem, erst einmal die wichtigsten Aufgaben zu erledigen. Ich muss nur Prioritäten setzen, dann wird alles gut.«

CAT NOONE, GESCHÄFTSFÜHRERIN VON IRIS HEALTH

Vielleicht wäre es eine gute Idee, schon einmal verkürzte Versionen Ihres Rituals anzudenken, für den Fall, dass Sie vom Kurs abweichen müssen. Anstatt Ihr komplettes Trainingsprogramm zu absolvieren, können Sie stattdessen beispielsweise leichte Yoga-Dehnübungen machen. Schaffen Sie Ihre üblichen zehn Minuten Meditation nicht, dann reduzieren Sie einfach auf fünf Minuten. Andere Möglichkeiten, wieder auf Kurs zu kommen, sind, kurz an die frische Luft oder spazieren zu gehen, sich gerade hinzustellen und zu dehnen, auf und ab zu springen oder tief durchzuatmen.

SCHEITERN KANN EIN ZEICHEN DAFÜR SEIN, IHR RITUAL NEU ZU STRUKTURIEREN

Wenn Sie feststellen, dass Sie immer wieder an einem bestimmten Teil Ihres Morgen-Rituals scheitern, dann sollten Sie diesen bestimmten Punkt vielleicht verändern oder streichen.

Der Schriftsteller und Designer Patrick Ward erzählt: »Wenn ich einen bestimmten Teil meines Rituals nicht mehr schaffe, dann ist das meistens ein Zeichen dafür, dass ich etwas verändern muss. Kein Ritual funktioniert für immer, also achte ich stets darauf, wie ich mein Ritual verbessern und effizienter gestalten kann.«

Finden Sie heraus, was nicht funktioniert (was Sie nicht geschafft haben), warum es nicht geklappt hat, und arbeiten Sie dann von dort aus. Vielleicht stellen Sie ja fest, dass Faktoren im Spiel sind, die mit der Sache gar nichts zu tun haben. Eventuell waren Sie in letzter Zeit besonders müde oder nicht mehr sonderlich an einer bestimmten Sache interessiert oder hatten keinen Spaß mehr daran. Wenn das der Fall ist, lassen sie den Punkt einfach weg.

NEHMEN SIE DIE HERAUSFORDERUNG AN, ALLEN WIDRIGKEITEN ZUM TROTZ ERFOLGREICH ZU SEIN

Andererseits sollten Sie auch nicht gleich aufgeben, wenn etwas mal nicht gut läuft.

Die Autorin und Langstreckenschwimmerin Sarah Kathleen Peck erinnert sich: »Auf dem College hatte ich einen großen Schwimmwettbewerb zu absolvieren, und aus Gründen, auf die ich keinen Einfluss hatte, konnte ich in der Nacht zuvor nicht schlafen. Denn wegen der unverhältnismäßig starken chemischen Zusätze im Schwimmbad von Chicago hatte ich die ganze Nacht lang heftige Asthmaanfälle. Am nächsten Morgen ging ich, noch ganz mitgenommen, zu meinem Trainer und sagte: ›Ich fühle mich hundeelend.‹ Er riet mir, mich 30 Minuten hinzulegen und mir in Gedanken vorzustellen, dass der beste Teil meines Lebens noch vor mir liege und heute nur ein Wettkampftag sei, und dann solle ich zurückkommen.

Als ich zu ihm zurückkam, sagte er: ›Die Sache ist doch so: Unter perfekten Umständen würdest du den Wettkampf beherrschen. Du würdest gewinnen. Die größere Herausforderung besteht darin zu gewinnen, obwohl du dich schlecht fühlst, obwohl du übermüdet bist. Geh an den Start und kämpfe, allen Widrigkeiten zum Trotz.‹ Er hat mir beigebracht, dass es selten perfekte Bedingungen gibt und jeder weitermachen und unglaubliche Dinge erreichen kann, auch wenn er sich nicht hundertprozentig gut fühlt. Wir sind häufig so sehr auf unser Ritual fokussiert, dass wir vergessen, dass wir unglaubliche Dinge leisten können, auch wenn etwas schiefläuft.«

Wenn ein bestimmter Teil Ihres Morgen-Rituals bei Ihnen wirklich nicht funktioniert, sollten Sie ihn verändern oder streichen, aber wenn Sie durch eine schwierige Situation aus der Bahn geworfen werden, sollten Sie sich dagegen wehren und die Herausforderung annehmen.

SCHLIESSEN SIE MIT IHREM PARTNER KOMPROMISSE

Harmonischer Einklang zwischen Ihrem Ritual und dem Ihres Partners ist entscheidend, damit beide einen guten Morgen haben. Dies gilt insbesondere dann, wenn Sie und Ihr Partner einen zeitlich völlig unterschiedlichen Schlafrhythmus haben. Viele Menschen leben mit jemandem zusammen, der einen ganz anderen Schlafrhythmus hat. Natürlich ist es da nicht einfach, einen Kompromiss zu finden (zumal das dazu führt, dass beide irgendwann im Laufe des Tages müde sein werden), aber etwas mehr Zeit mit ihrem Partner zu verbringen, ist die Mühe wert.

Steven Heller erzählt, dass es bei ihm morgens folgendermaßen abläuft: »Meine Frau geht in die eine Richtung, ich gehe in die andere, und wir treffen uns in der Küche.« Wenn Sie früher wach werden als Ihr Partner, können Sie warten, bis der andere wach ist (wenn es Ihr Zeitplan erlaubt), um gemeinsam zu frühstücken, spazieren zu gehen oder sogar zu zweit ein frühes Training am Morgen in Angriff zu nehmen.

DENKEN SIE DARAN: MORGEN IST EIN NEUER TAG

Morgen ist ein neuer Tag. Wenn Sie Ihr Morgen-Ritual heute nicht geschafft haben, ist das in Ordnung.

In den Worten des Autors und Sprechers Crystal Paine: »Ich habe die Wahl: Entweder kann ich mich über die Tatsache, dass ich mein normales Ritual nicht geschafft habe, ärgern oder ich kann mit mir nachsichtig sein. Ich arbeite daran, dass ich mit mir zukünftig nachsichtiger bin – denn so ist das Leben nun einmal, und es ist in Ordnung, wenn wir nicht immer alles so hinbekommen, wie wir es uns erhofft und es geplant hatten. Das Beste, was ich an solchen Tagen tun kann, ist, mir bewusst zu machen, dass ich das tue, was ich kann.«

ANDERERSEITS ...

Drehen wir den Spieß einmal um. Wie wäre es, wenn Sie die Dinge, die nicht Ihrem Ritual entsprechen, nicht nur annehmen, sondern geradezu aktiv suchen würden? Oder sie zumindest gleich aufgreifen würden, wenn sie sich abzeichnen?

Manuel Lima bemerkt: »Rituale sind wie alle Regelwerke. Sie können hilfreich sein, weil sie uns ein Gefühl von Beständigkeit geben, aber zuweilen kann es extrem befreiend sein, Regeln zu brechen. Sich sklavisch einem einzigen Ritual zu verpflichten, kann Spontaneität und unverhoffte Entdeckungen verhindern.«

Langweilt es Sie, wenn sich etwas jeden Tag immer wiederholt (sozusagen »zu sehr« zur Gewohnheit wird)? Vielleicht sollten Sie sich mehrere Rituale ausdenken, aus denen Sie jeden Morgen wählen können. Versuchen Sie, nicht zu dogmatisch zu sein. Gehen Sie die Dinge von Zeit zu Zeit etwas lockerer an und vergessen Sie den Spaß dabei nicht.

FAZIT

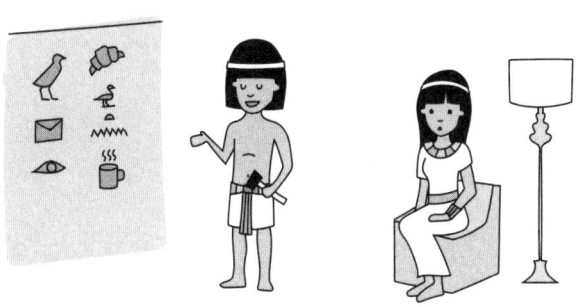

ICH SCHREIBE MEIN
IDEALES MORGEN-RITUAL AUF

Wenn Sie irgendetwas aus diesem Buch lernen wollen, dann, dass Sie Dinge ausprobieren. Übernehmen Sie etwas, was Ihre Aufmerksamkeit erregt hat, probieren Sie es aus, passen Sie es Ihren Bedürfnissen an, versuchen Sie es noch ein wenig länger, passen Sie es erneut an, und Sie werden feststellen, dass Sie neue Dinge richtig gut finden, von denen Sie vorher nicht gedacht hätten, dass Sie diese überhaupt ausprobieren würden.

Wie jede neue Fähigkeit werden Sie auch Ihr Morgen-Ritual erst nach einiger Zeit beherrschen. Schauen Sie sich noch einmal alle Notizen und Textanmerkungen an, die Sie während der Lektüre dieses Buches gemacht haben, und folgen Sie unserer einfachen Methode:

1. Schreiben Sie Ihr neues Ritual auf, und zwar so kurz wie möglich. (Zum Beispiel bedarf »ins Badezimmer gehen« keiner weiteren Erklärung.)

2. Das Aufwachen ist der Punkt, an dem Sie mit Ihrem Morgen-Ritual beginnen. Jedes darauffolgende Element erinnert Sie an das nächste Element.

3. Fangen Sie klein an – ein fünfminütiges Training ist weniger abschreckend als ein halbstündiges Programm.

4. Belohnen Sie sich ein wenig, wenn Sie die schwierigsten Teile Ihres Rituals geschafft haben.

5. Geben Sie jedem Element Ihres Morgen-Rituals eine faire Chance. Es reicht nicht, etwas nur ein paar Tage lang auszuprobieren und es dann gleich aufzugeben. Auch wenn es unterschiedliche Meinungen gibt, wie lange es dauert, bis etwas zur Gewohnheit wird, empfehlen wir, jedes Element ein oder zwei Wochen lang auszuprobieren, um zu sehen, wie es Ihnen gefällt.

Schöpfen Sie Mut aus den Erfolgen und Misserfolgen in diesem Buch. Die Personen, mit denen wir gesprochen haben, waren sehr ehrlich in Bezug auf das, was bei ihnen funktioniert und was nicht, und sie haben sich alles, genau wie Sie, mit der Zeit erarbeiten müssen. Und wenn all diese Menschen so sind wie wir, dann probieren sie noch immer aus, wie sie ihre Rituale anpassen, verändern und optimieren können, um zu einem noch besseren Ergebnis zu kommen.

Sie müssen Ihr Morgen-Ritual nicht auf einen Schlag verändern. Der Gedanke würde Ihre Bemühungen zunichtemachen, bevor Sie überhaupt damit begonnen haben. Wenn Sie etwas hinzunehmen oder streichen wollen, dann konzentrieren Sie sich jeweils nur auf eine Sache. Stellen Sie sich vor, Sie seien ein einjähriges Kind, das Veränderungen hasst, und behandeln Sie sich selbst dementsprechend sanft.

Denken Sie daran: Sie werden kontinuierlich auf Hindernisse stoßen, wenn Sie versuchen, Ihr Morgen-Ritual beizubehalten – der größte Gegner ist der sirenenhafte Lockruf der Faulheit. Lassen Sie dem inneren Schweinehund keine Chance. Jeder, der einmal versucht hat, etwas an seinem Verhalten zu verändern, kennt diese Hindernisse. Der einzige Weg, sie zu überwinden, ist, sich ihnen zu stellen, flexibel zu bleiben und einen einzigen missratenen Tag nicht als Rückschlag anzusehen. Denken Sie in einem größeren Zusammenhang und kehren Sie am nächsten Tag zu Ihrem neuen Ritual zurück.

Sie müssen nicht Ihrem Morgen-Ritual gegenüber Rechenschaft ablegen, sondern nur sich selbst gegenüber. Warum wollen Sie Ihre morgendliche Routine überhaupt verbessern? Was wollen Sie eigentlich gewinnen? Die Fähigkeit, Ihr Morgen-Ritual über einen langen Zeitraum aufrechterhalten, selbst wenn das schwierig ist, müssen Sie erst entwickeln. Doch wir alle haben die Fähigkeit, uns zu hinterfragen – und wir möchten Sie ermutigen, diese Fähigkeit zu nutzen.

Vertrauen Sie der Methode. Das bedeutet, die Dinge immer und immer wieder zu wiederholen. Das mag vielleicht nicht aufregend sein, aber es funktioniert und wird Ihr Leben verändern.

STATISTIK

Für wissbegierige Leser liefern wir hier einige Zahlen, die die Ergebnisse der Interviews mit mehr als 300 Personen (53 % weiblich, 47 % männlich) über ihre Morgen-Rituale wiedergeben.

7 Stunden und 29 Minuten	6:24 Uhr	22:57 Uhr
Durchschnittliche Schlafzeit	Durchschnittliche Aufwachzeit	Durchschnittliche Zubettgehzeit

Die Frühaufsteher/-innen, mit denen wir gesprochen haben, beginnen ihren Tag schon um drei Uhr in der Früh, während diejenigen, die spät aufstehen, bis nach neun Uhr schlafen. Um halb neun sind 97 % aller Menschen, die wir interviewt haben, wach.

70 % benutzen einen Wecker
39 % pflegen an den Wochenenden dasselbe Ritual
33 % drücken die Schlummertaste
56 % können ihr Ritual überall durchführen

38 Prozent der von uns interviewten Personen schlafen acht Stunden pro Nacht, 35 Prozent sieben Stunden und 14 Prozent nur sechs Stunden.

54 %	meditieren
48 %	schauen ihre E-Mails sofort an
78 %	treiben Sport
30 %	schauen sofort auf ihr Handy

Zum Frühstück essen mehr als die Hälfte (53 Prozent) der Menschen, die wir interviewt haben, Obst, 40 Prozent Eier, 33 Prozent Haferflocken, 32 Prozent Toast und andere Brotsorten sowie 21 Prozent Smoothies. 57 Prozent unserer Teilnehmer trinken morgen als Erstes Wasser, aber Kaffee (29 Prozent) und Tee (8 Prozent) sind ebenfalls beliebt.

DANKSAGUNG

Wir möchten uns bei jedem bedanken, den wir für dieses Buch interviewt haben, sowohl für die Zeit als auch für die Bereitschaft, uns über diese intimste Zeit des Tages detailliert Auskunft zu geben. Wir möchten uns zudem sowohl bei jedem bedanken, den wir in diesem Buch zitiert haben, als auch bei all jenen, die wir in den letzten fünf Jahren für unsere Website interviewt haben. Selbstverständlich wäre dieses Buch ohne sie alle nicht möglich gewesen.

Unser großer Dank gilt auch Leah Trouwborst, unserer Lektorin bei Portfolio/Penguin, die an dieses Buch geglaubt hat und mit uns fast zwei Jahre lang partnerschaftlich zusammengearbeitet hat, um es in die Tat umzusetzen. Ohne sie hätte das Buch wohl kaum das Licht der Welt erblickt. Bei Portfolio möchten wir uns ebenfalls bedanken bei Helen Healey, Aly Hancock, Rebecca Shoenthal, Taylor Edwards, Margot Stamas, Will Weisser, Niki Papadopoulos und Bria Sandford für ihre harte Arbeit und ihren ungebrochenen Glauben an unser Buch; ein besonderer Dank geht auch an Adrian Zackheim, der uns am Anfang enorm ermutigt hat.

Wir sind insbesondere auch unserem Agenten Tim Wojcik dankbar. Dank auch dafür, dass er den ersten Abschnitt unseres Buches geschrieben hat, zwölf Monate bevor wir versucht haben, es besser hinzubekommen (aber nicht geschafft haben). Wir möchten uns auch bedanken bei unserer Korrektorin Jane Cavolina, bei unserer britischen Lektorin Lydia Yadi und bei unserer Website-Redakteurin Michele Boltz. Ein besonderer

Dank gilt Liz Fosslien, die die wunderbaren Cartoons beigesteuert hat, und Benjamins Frau, Audra Martyn Spall, für ihre ausführlichen Anmerkungen zum Manuskript. Ihre Gewissenhaftigkeit und ihr Verständnis haben das Buch enorm verbessert, wofür wir ihr zu großem Dank verpflichtet sind.

Schließlich wollen wir uns bei jedem bedanken, der im Verlauf der letzten fünf Jahre das Projekt verfolgt hat, unsere Interviews gelesen hat und auf irgendeine Weise an den Gesprächen darüber teilgenommen hat. Dieses Buch ist für euch.

LITERATURAUSWAHL

Allen, James: Wie der Mensch denkt, so lebt er. Mvg 2017

Aurel, Mark: Meditationen. Zenodot Verlagsgesellschaft 2016

Cameron, Julia: Der Weg des Künstlers. Ein spiritueller Pfad zur Aktivierung unserer Kreativität. Knaur MensSana 2009

Currey, Mason: Musenküsse. »Für mein kreatives Pensum gehe ich unter die Dusche.«: Kein & Aber 2014

Duhigg, Charles: Die Macht der Gewohnheit: Warum wir tun, was wir tun. Piper 2013

Ferriss, Tim, Tools der Titanen. FinanzBuch Verlag 2017

Franklin, Benjamin: Autobiographie. C.H. Beck 2016

Harris, Dan: Wie ich die entscheidenden 10% glücklicher wurde: Meditation für Skeptiker. dtv 2016

Hesse, Hermann: Siddhartha. Eine indische Dichtung. Suhrkamp 1974

Holiday, Ryan: Dein Hindernis ist Dein Weg: Mit der Weisheit der alten Stoiker Schwierigkeiten in Chancen verwandeln. FinanzBuch Verlag 2018

Huffington, Arianna: Die Neuerfindung des Erfolgs: Weisheit, Staunen, Großzügigkeit – Was uns wirklich weiterbringt. Goldmann 2016

Lamott, Anne: Bird by Bird - Wort für Wort. Anleitungen zum Schreiben und Leben als Schriftsteller. Autorenhaus-Verlag 2004

Newport, Cal: Konzentriert arbeiten: Regeln für eine Welt voller Ablenkungen. Redline 2017

Seneca: Epistulae morales ad Lucilium / Briefe an Lucilius über Ethik: Lateinisch/Deutsch. Gesamtausgabe (Reclams Universal-Bibliothek). Reclam 2018

Thoreau, Henry David: Walden: oder Leben in den Wäldern. Nikol 2016

Webb, Caroline, How to Have a Good Day. Macmillan 2016

Yogananda, Paramahansa: Autobiographie eines Yogi. Self-Realization Fellowship 1998

TEILEN SIE SICH MIT UND LASSEN SIE SICH INSPIRIEREN

Nun sind Sie an der Reihe. Wir würden gerne mehr von Ihrem neuen Morgen-Ritual erfahren. Posten Sie unter dem Hashtag #mymorningroutine ein Foto (oder sonst irgendetwas) auf Instagram, Twitter oder Facebook.

AUFWACHEN! ICH MÖCHTE DIR MEIN NEUES MORGEN-RITUAL ZEIGEN.

Möchten Sie jede Woche ein brandneues Morgen-Ritual per E-Mail zugesandt bekommen? Dann abonnieren Sie unseren kostenlosen Newsletter auf mymorningroutine.com/newsletter! Bis bald!

Dein Hindernis ist Dein Weg

Ryan Holiday

Tagtäglich werden wir mit Problemen konfrontiert. Dabei haben
wir stets die Wahl: Wir können uns von den Hürden auf unserem
Weg aufhalten lassen oder wir zeigen, aus welchem Holz wir
geschnitzt sind, und nehmen die Herausforderung an. Ryan
Holiday – mehrfacher Bestsellerautor – zeigt, wie das jahrhunderte-
alte Wissen der Stoiker gerade für unsere hektische und
unsichere Zeit ein Segen sein kann. In viele kleine Lektionen
verpackt, enthüllt er, wie große Geister wie Edison, Roosevelt aber
auch Steve Jobs oder Barack Obama Weisheit, Mut, Selbstbeherrschung und Gelassenheit erlernt haben, um in der zuneh-
menden Komplexität unserer Welt nicht nur zu bestehen, sondern
Großartiges zu leisten. Und er zeigt, wie sich dieses Wissen von
jedem im eigenen Leben anwenden lässt.

224 Seiten | Softcover | 16,99 € (D) | ISBN 978-3-95972-157-8

Der Weg der Disziplin

Jocko Willink

Nur wer weiß, was er wirklich will, und die Disziplin hat, diesen
Weg unbeirrt zu gehen, wird seine wahre Freiheit finden.
#1 New York Times-Bestseller-Autor Jocko Willink hat im Rang des
Commanders unter den SEALs in der höchstdekorierten Special-
einheit im Irak gekämpft. In *Der Weg der Disziplin* beschreibt er
erstmals, wie sich jeder mit physischer und mentaler Disziplin in
die Lage versetzen kann, seine Leistung in allen Bereichen des
Lebens zu steigern. Er demonstriert, wie man smarter, schneller
und gesünder wird und zugleich die eigenen Ziele im Leben
erreichen kann. Mit Work-Outs zur physischen Leistungsstei-
gerung für Anfänger, Fortgeschrittene und erfahrene Athleten
sowie die besten Gewohnheiten um optimalen Schlaf und bestmögliche Ernährung zu gewährleisten.

208 Seiten | Hardcover | 22,99 € (D) | ISBN 978-3-95972-143-1

Grenzenlos erfolgreich

Dr. Julian Hosp

Höher, schneller, weiter – das ist die Maxime, nach der heute gelebt wird. Doch wie kannst du angesichts der vielen Ansprüche, die an dich gestellt werden, als Mensch noch vollkommene Zufriedenheit, absolutes Glück und ultimativen Erfolg erleben? Jeder, der darüber nachdenkt, sein Leben zu verändern, weiß, dass der erste Schritt der schwierigste ist. Damit die Veränderung gelingen kann, hat Julian Hosp seine über Jahre gewonnenen Erfahrungen als Arzt, Profi-Sportler, Blockchain-Experte und Top-Unternehmer zu einem 30-Tage-Programm zusammengestellt. Indem es die Ursachen, nicht die Symptome behandelt, unterstützt dich *Grenzenlos erfolgreich* Tag für Tag dabei, alte Muster loszulassen und so den Durchbruch zu schaffen.
Dieses einzigartige Programm bringt dich in den Bereichen Beziehung, Gesundheit, Finanzen, Business und Lernen auf das übernächste Level.

640 Seiten | Softcover | 24,99 € (D) | ISBN 978-3-95972-158-5

Tools der Mentoren

Tim Ferriss

Wer sich mit den wichtigsten Fragen des Lebens auseinandersetzt, sucht oftmals nach Rat – gerade in Situationen, wo alles gegen einen zu laufen scheint. Tim Ferriss, viermaliger #1-Bestsellerautor, hat mehr als 100 Mentoren ausfindig gemacht, die ihm geholfen haben und jedem helfen können, dem eigenen Leben die richtige Richtung zu geben. In kurzen, energiegeladenen Porträts enthüllt Ferriss die Geheimnisse der Mentoren für Erfolg, Glück und den Sinn des Lebens. Egal, wie groß die Herausforderungen sind, denen man sich stellen muss, oder die Chancen, die man ergreifen will, jeder wird auf diesen Seiten etwas finden, das ihm dabei hilft.

640 Seiten | Hardcover | 29,99 € (D) | ISBN 978-3-95972-108-0

Tools der Titanen

Tim Ferriss

»Ich habe dieses Buch, mein ultimatives Notizbuch voller nütz-
licher Werkzeuge, für mich selbst kreiert. Es hat mein Leben
verändert und ich hoffe, dir wird es genauso helfen.«
TIM FERRISS

Was das Buch so außergewöhnlich macht, ist der unablässige
Fokus auf leicht umsetzbare Details:
- Was tun diese Titanen in den ersten 60 Minuten an jedem
  Morgen?
- Wie sieht ihre Trainingsroutine aus und warum?
- Welches Buch haben sie am öftesten an andere Menschen
  verschenkt?
- Was betrachten sie als die größten Zeitverschwender?
- Welche Nahrungsergänzungsmittel nehmen sie täglich?

720 Seiten | Softcover | 24,99 € (D) | ISBN 978-3-95972-026-7

Die Yotta-Bibel

Bastian Yotta

Bastian Yotta. Von homeless to Hollywood – ein Leben wie in einem Film. Er ist bekannt als provozierender Lebemann, doch kaum jemand kennt seine wahre Geschichte. Vor 10 Jahren trennten ihn nur 20 cm vom Tod. Er litt an Depressionen und hat versucht, sich umzubringen. Doch er befreite sich selbst aus dieser Krise. Als internationaler TV-Star ist er heute finanziell unabhängig und lebt den American Dream. Erstmalig berichtet er auf eine sehr persönliche Art und Weise von seiner außerordentlich ungewöhnlichen Lebensgeschichte und lässt den Leser an seinen privatesten Erfahrungen und absoluten Tiefpunkten teilhaben. Doch nicht nur das: Er stellt auch die Tools vor, die er selbst angewandt hat, um von ganz unten nach ganz oben zu kommen, und gibt somit eine Anleitung, wie jeder es schaffen kann, seine Ängste zu überwinden und seine Träume zu leben.

176 Seiten | Softcover | 14,99 € (D) | ISBN 978-3-95972-133-2

Peak Performance

Brad Stulberg, Steve Magness

Die Ansprüche, die der Alltag an uns stellt, sind enorm: Gefordert wird nicht weniger als absolute Spitzenleistung zu jeder Zeit und unter allen Umständen – Peak Performance. Nur wenige schaffen es, unter zunehmendem Druck und bei immer schnellerem Tempo mitzuhalten, ohne dass dabei die eigene Gesundheit auf der Strecke bleibt. Brad Stulberg, ehemaliger McKinsey-Berater, und Steve Magness, Trainer olympischer Athleten, haben das Phänomen Spitzenleistung erstmals wissenschaftlich untersucht und zeigen: Es spielt keine Rolle, in welchem Bereich man zu Höchstform auflaufen will – jeder kann für sich seine Strategie finden, die unabhängig vom gesteckten Ziel funktioniert und sich sowohl in der beruflichen Karriere und bei sportlichen Wettkämpfen als auch in kreativen Prozessen und im Privatleben anwenden lässt.

272 Seiten | Hardcover | 19,99 € (D) | ISBN 978-3-95972-086-1